U0291462

全屋定制
柜体造型与尺寸

张胜雄　著

江苏凤凰科学技术出版社 · 南京

图书在版编目（CIP）数据

全屋定制柜体造型与尺寸 / 张胜雄著. -- 南京：江苏凤凰科学技术出版社, 2022.3（2022.4重印）
ISBN 978-7-5713-2821-4

Ⅰ. ①全… Ⅱ. ①张… Ⅲ. ①住宅 – 室内装饰设计 Ⅳ. ①TU241-64

中国版本图书馆CIP数据核字(2022)第033483号

全屋定制柜体造型与尺寸

著　　者	张胜雄
项目策划	凤凰空间/翟永梅
责任编辑	赵　研　刘屹立
特约编辑	翟永梅　刘立颖

出版发行	江苏凤凰科学技术出版社
出版社地址	南京市湖南路1号A楼，邮编：210009
出版社网址	http://www.pspress.cn
总　经　销	天津凤凰空间文化传媒有限公司
总经销网址	http://www.ifengspace.cn
印　　刷	北京博海升彩色印刷有限公司

开　　本	889mm×1 194mm　1/16
印　　张	12
字　　数	50 000
版　　次	2022年3月第1版
印　　次	2022年4月第2次印刷

标准书号	ISBN 978-7-5713-2821-4
定　　价	198.00元（精）

图书如有印装质量问题，可随时向销售部调换（电话：022-87893668）。

全·屋·定·制

——定制你的与众不同——

从四面空墙到满室温馨，我们对生活有期许，对未来的家有梦想，这也是我们努力拼搏的动力。

家是有形的，它承载着每个人的生活起居；家也是无形的，因为它代表了无穷的温暖。不同的家有不同的需求，每个家都应该是和主人完美契合的，独一无二的。定制，就是以家人的生活习惯与未来规划为出发点的设计，在不同的空间里勾勒出不同的家的模样。从色彩到造型，从风格到体验，考虑家人的每一丝细微需求，帮他们卸下在外奔波一天的疲惫。

定制，让你的家从此与众不同。

目录

第一章 鞋柜

开门即风景
鞋柜当然要这样定制

人只有两个方向，一个是出门，一个是回家。

你家的鞋柜如何设计，才能满足主人一出一进间的温暖？

中国城市里的普通住宅，进门处一般会设置鞋柜，而普通家庭一般会有 30 ~ 80 双鞋子，如果面积不大，鞋柜如何设计才合理呢？

我们发现，中国家庭对鞋柜的要求大概有如下几点：

（1）快捷，进门换鞋不麻烦，可以几秒搞定。

（2）整洁，鞋子不会铺开一大摊，以免整个房间都显得凌乱。

（3）干净，鞋底的泥和灰不会带进其他房间。

编号：XG-001 风格：现代简约

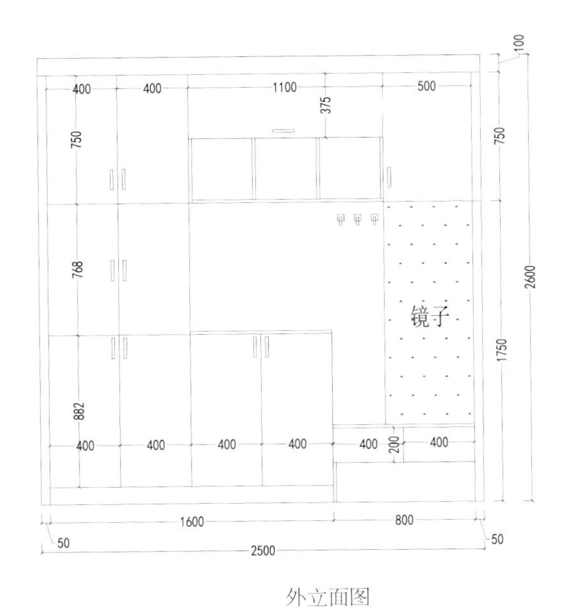

外立面图

镜子

内立面图

编号：XG-002 风格：现代简约

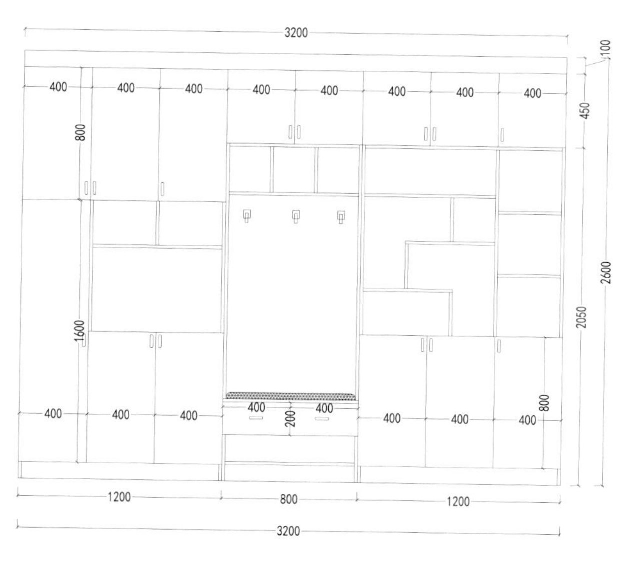

外立面图

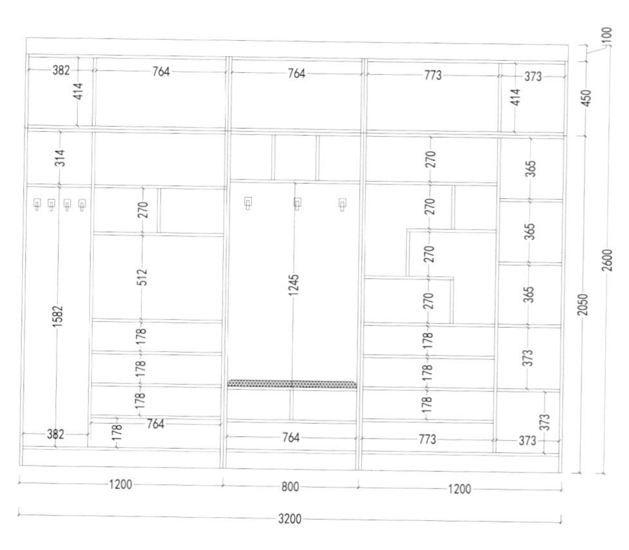

内立面图

编号：XG-003 风格：现代简约

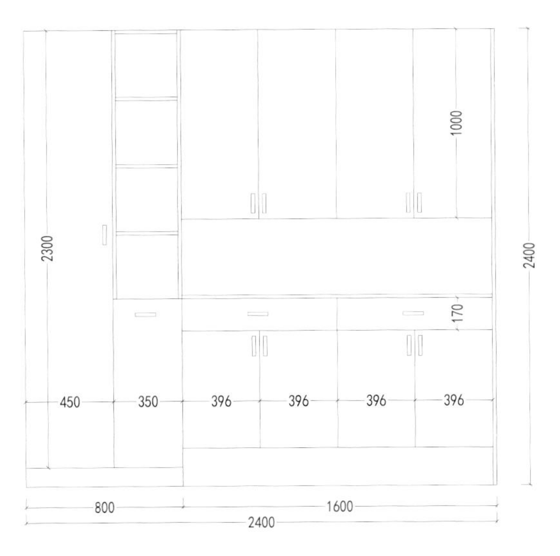

外立面图

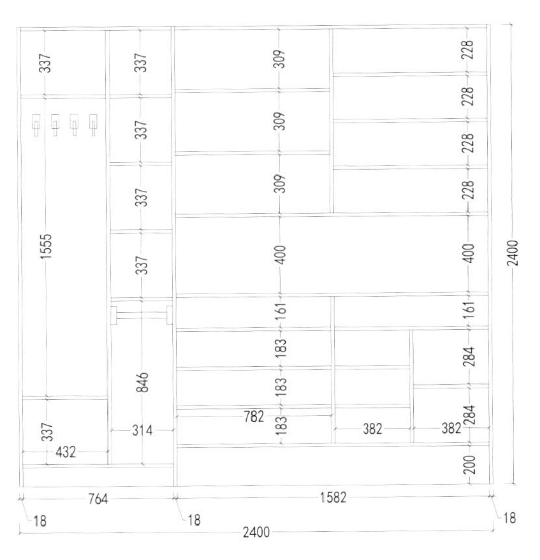

内立面图

编号：XG-004 风格：现代简约

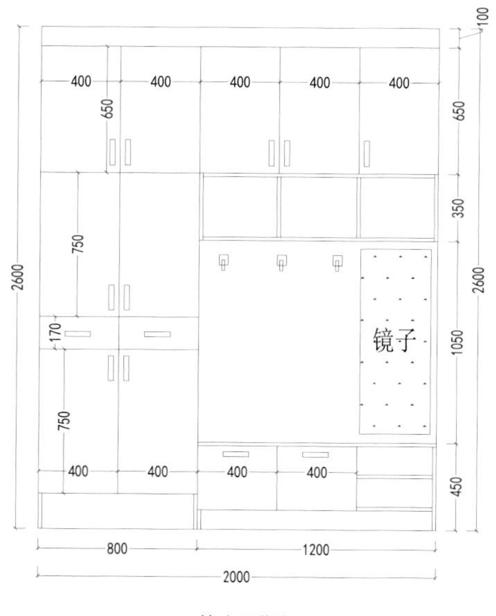

外立面图

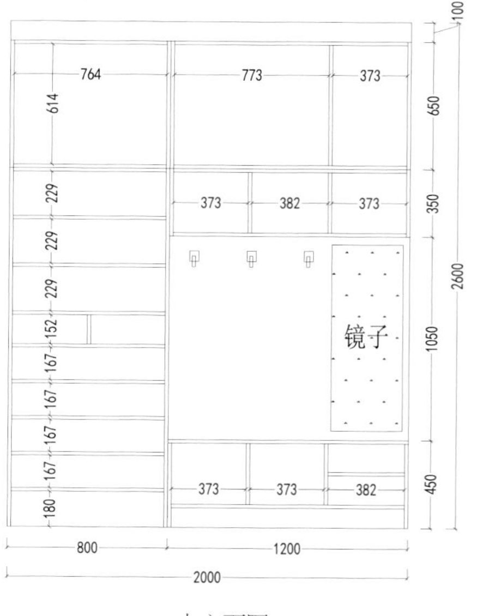

内立面图

编号：XG-005 风格：现代简约

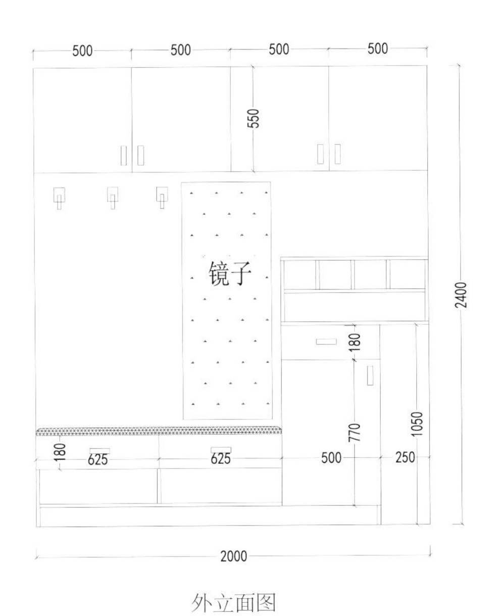

外立面图

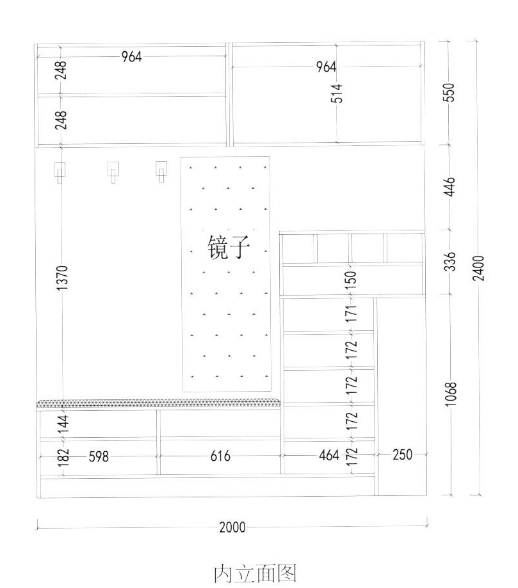

内立面图

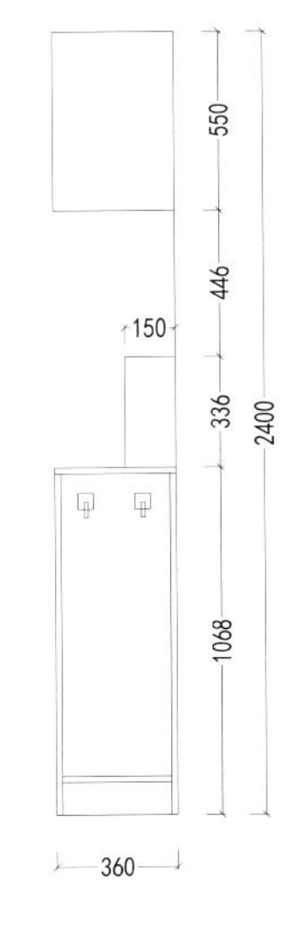

侧立面图

编号：XG-006 风格：现代简约

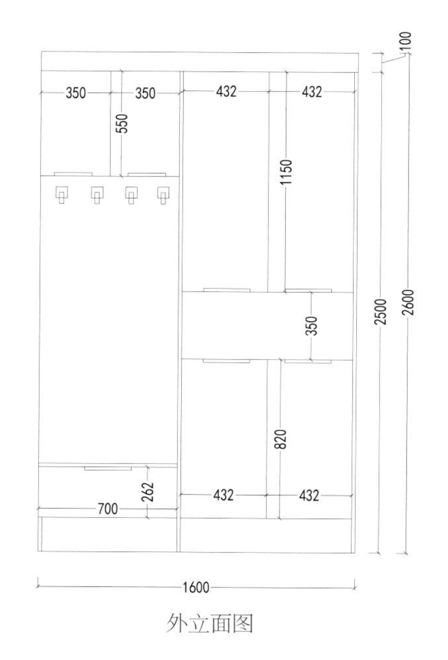

外立面图

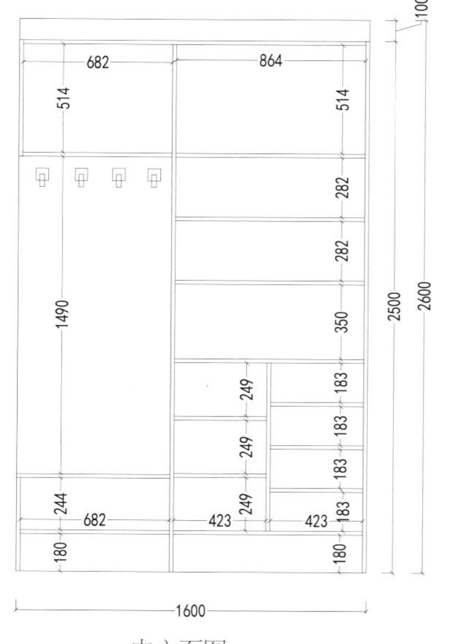

内立面图

编号：XG-007 风格：现代简约

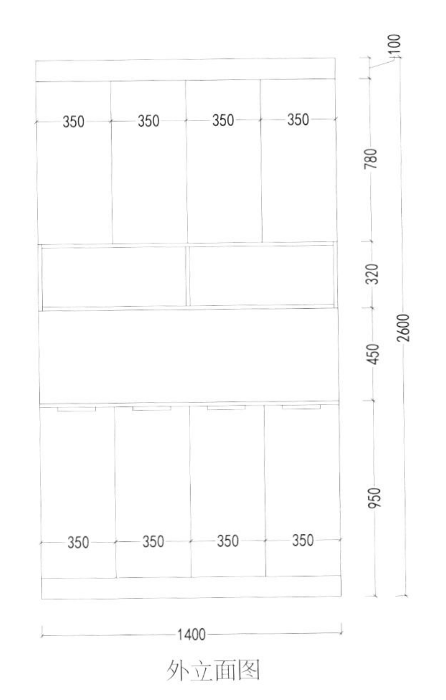

外立面图

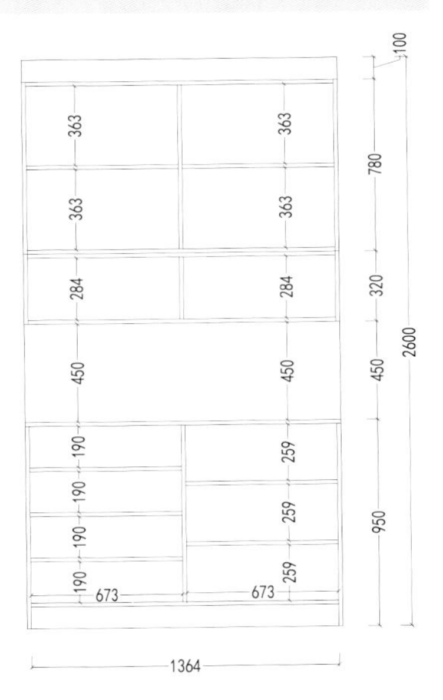

内立面图

编号：XG-008 风格：现代简约

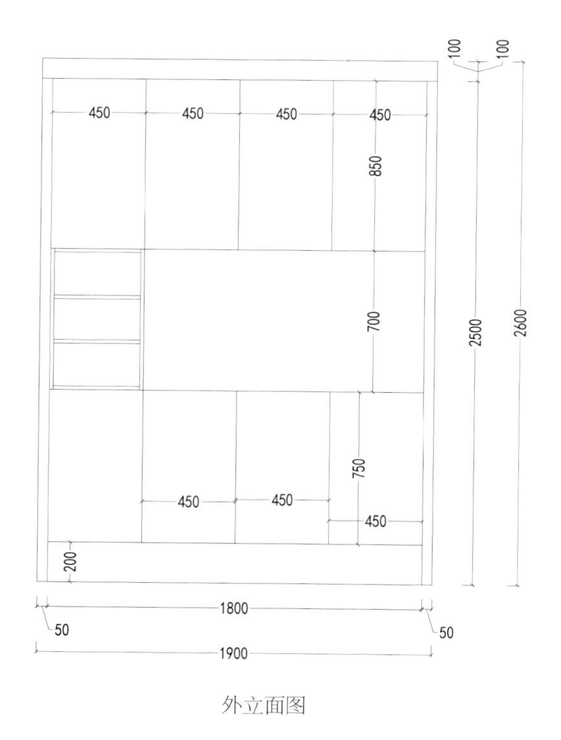

外立面图

398
398
398
398
214
200
214
1350
700
2500
2600
100
150
150
150
207
1800
50
50
1900

内立面图

编号：XG-009 风格：现代简约

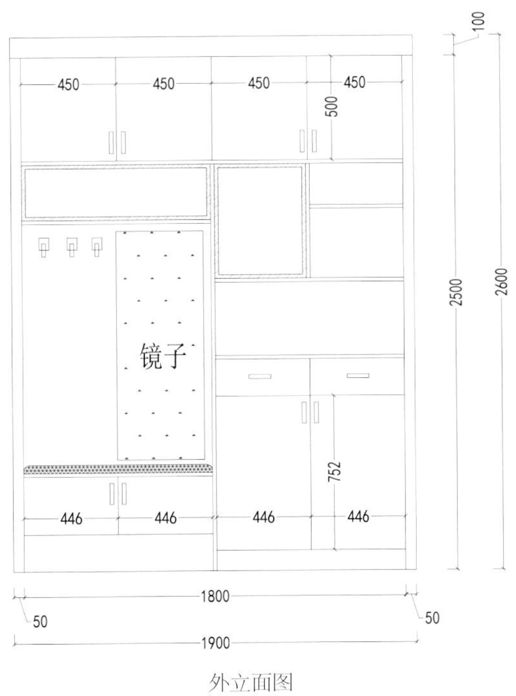

外立面图

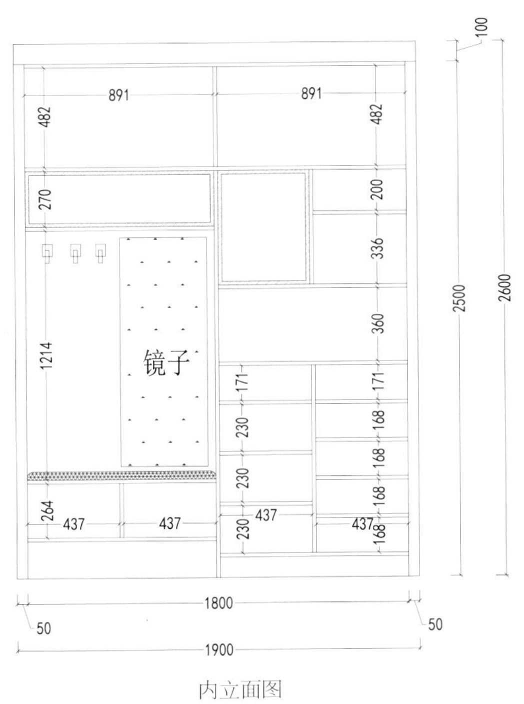

内立面图

编号：XG-010 风格：现代

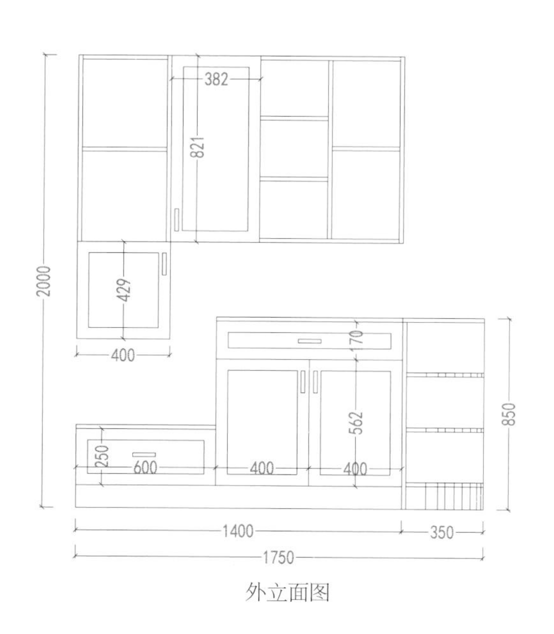

外立面图

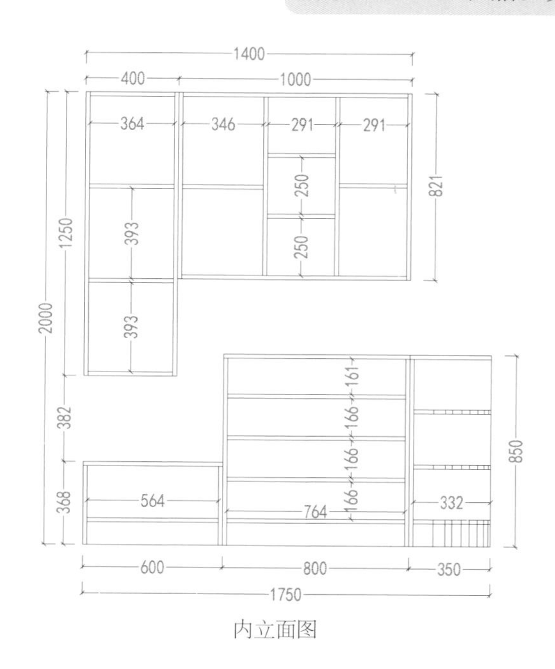

内立面图

编号：XG-011 风格：现代

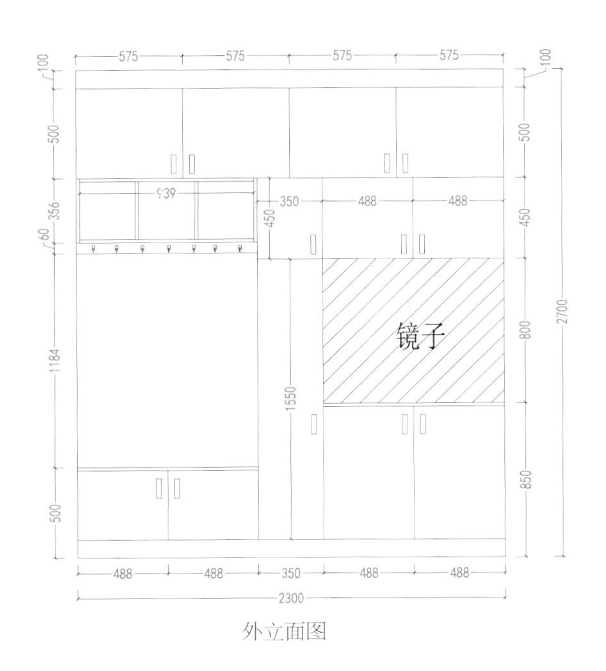

外立面图

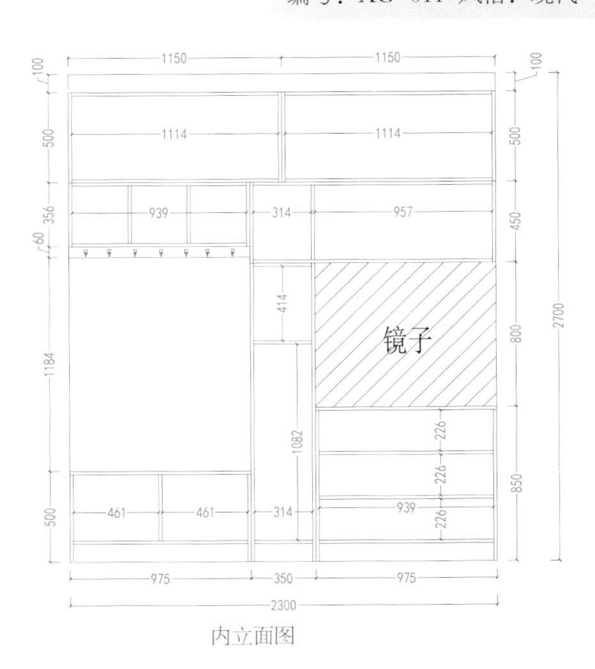

内立面图

编号：XG-012 风格：现代

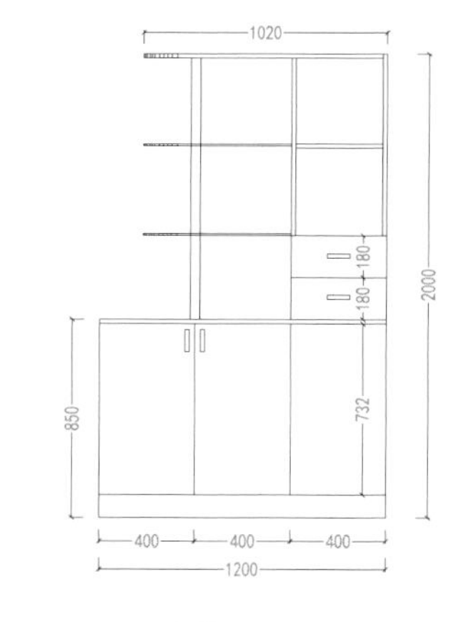

左外立面图

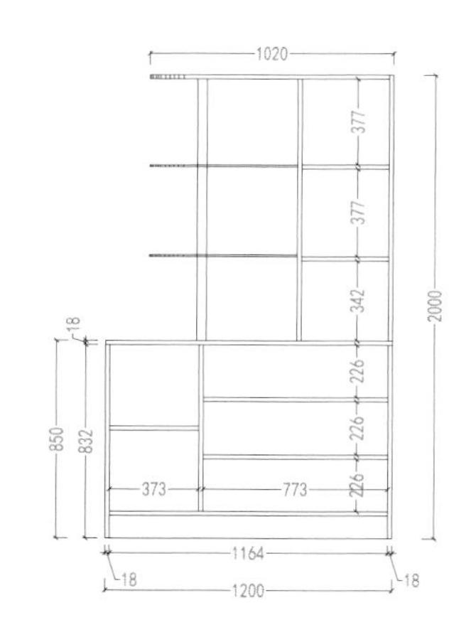

左内立面图

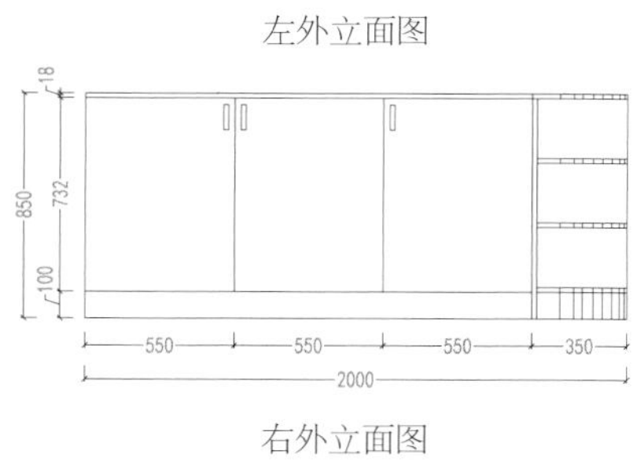

右外立面图

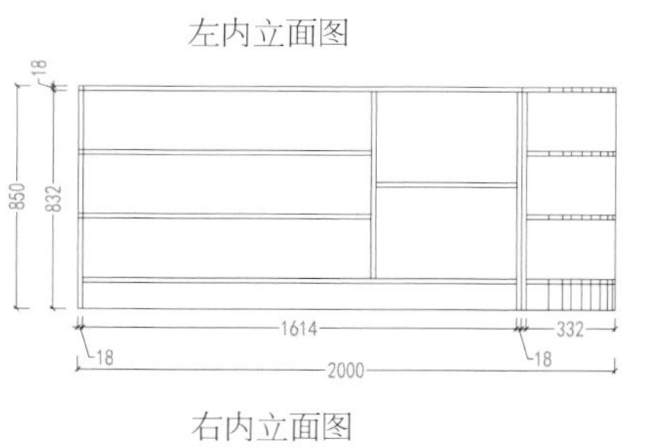

右内立面图

编号：XG-013 风格：简约

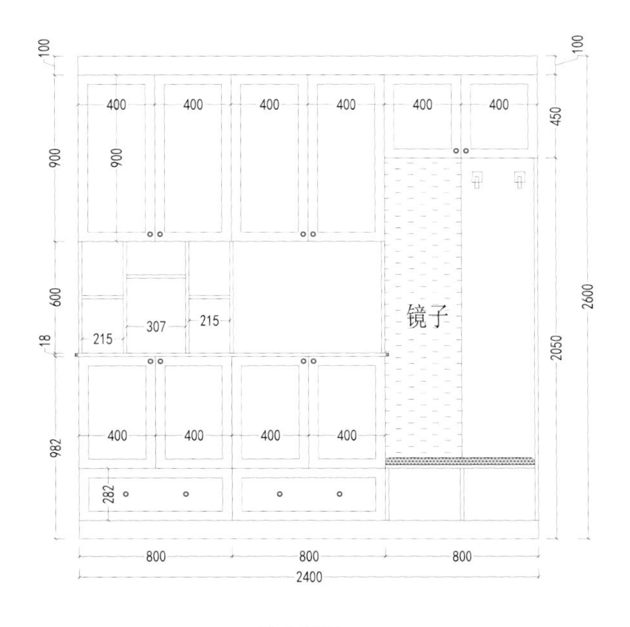

外立面图

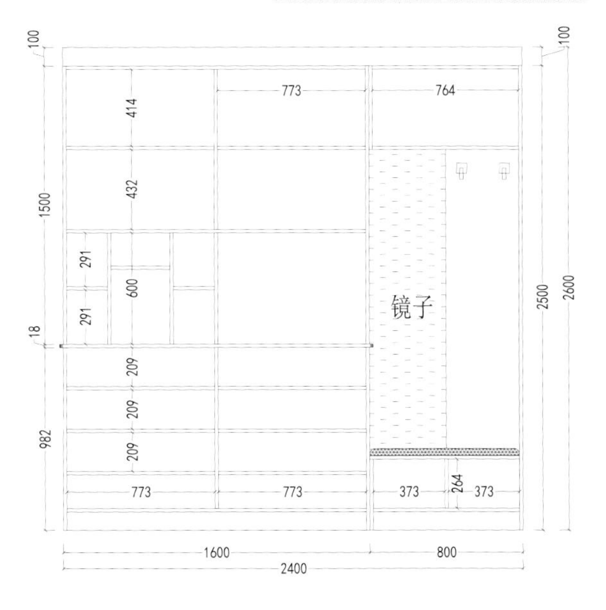

内立面图

编号：XG-014 风格：简约

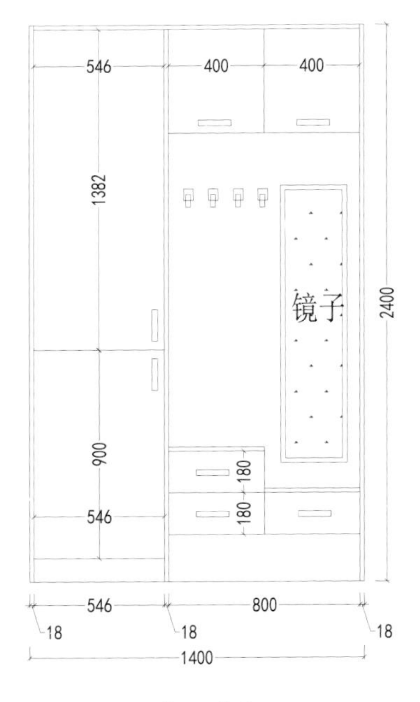

外立面图

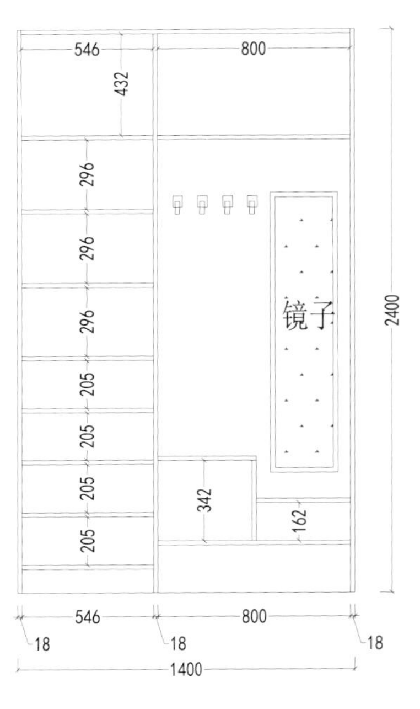

内立面图

编号：XG-015 风格：极简

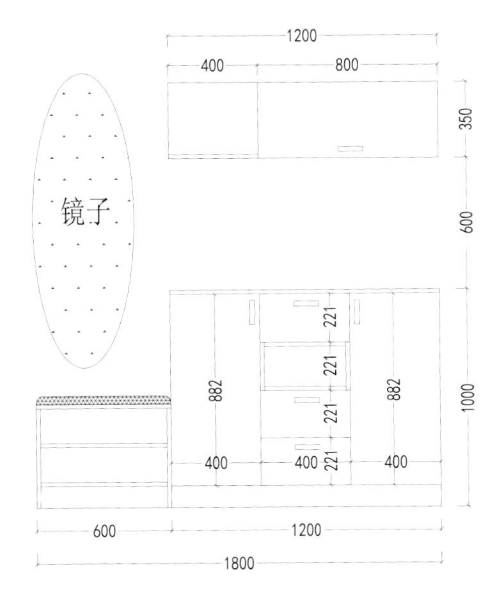

外立面图

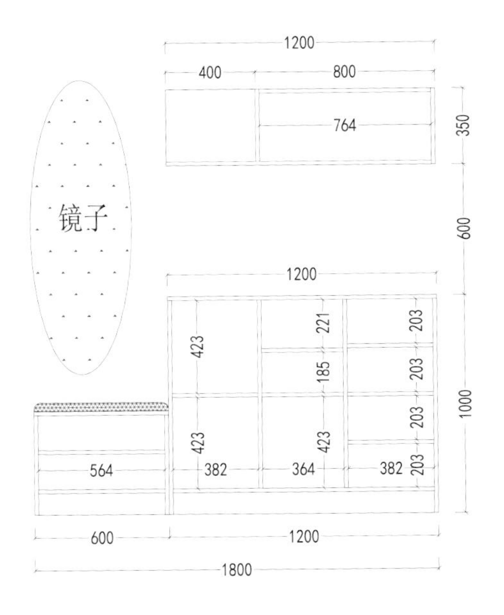

内立面图

编号：XG-016 风格：极简

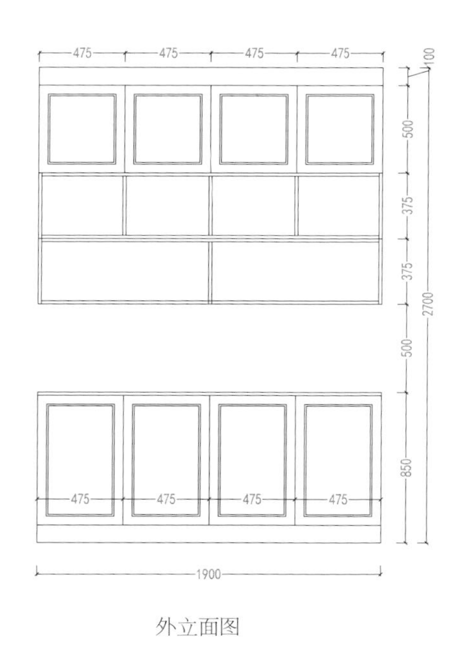

外立面图

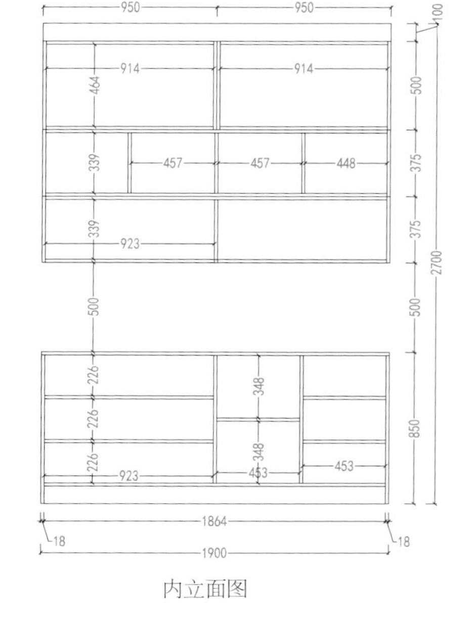

内立面图

编号：XG-017 风格：极简

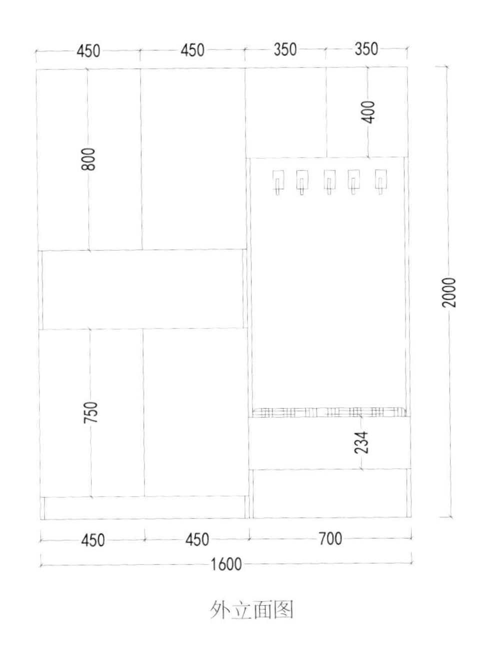

外立面图

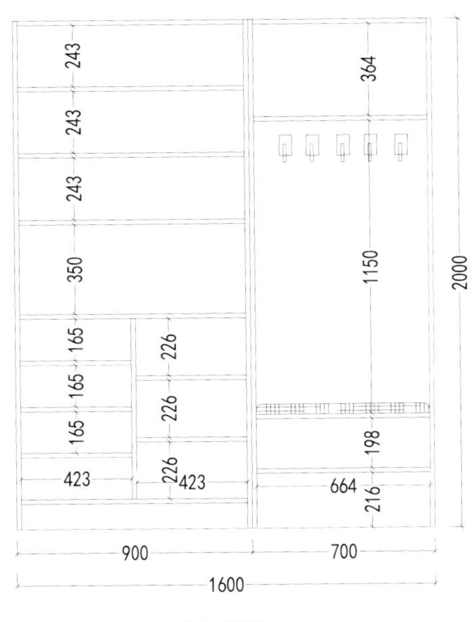

内立面图

编号：XG-018 风格：极简

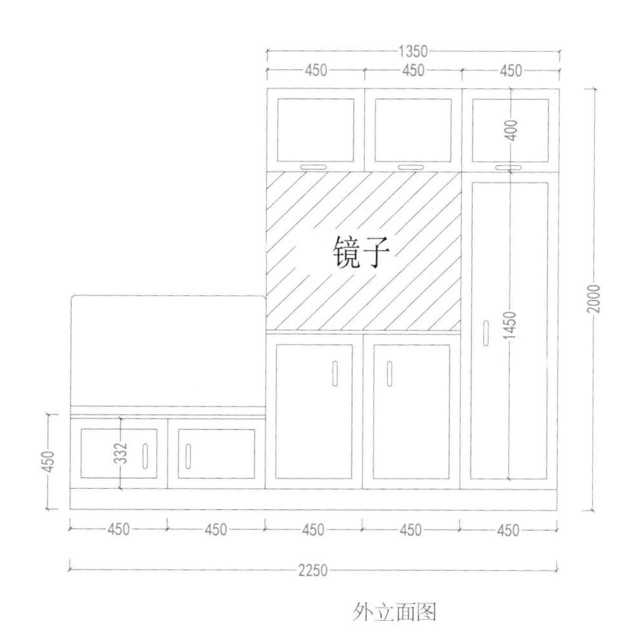

外立面图

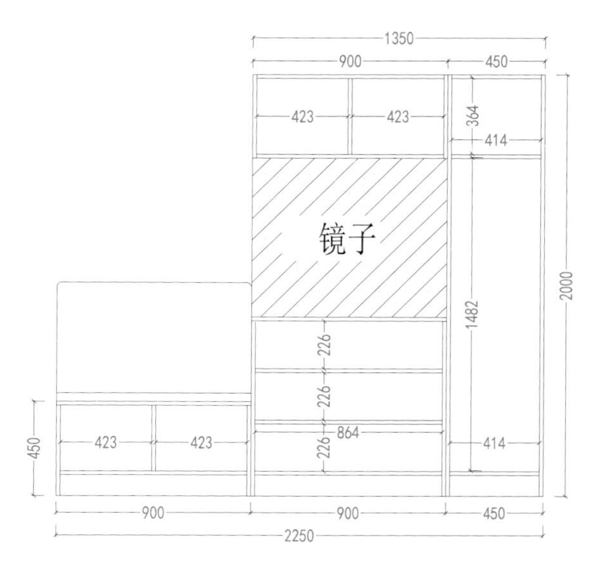

内立面图

编号：XG-019 风格：轻奢极简

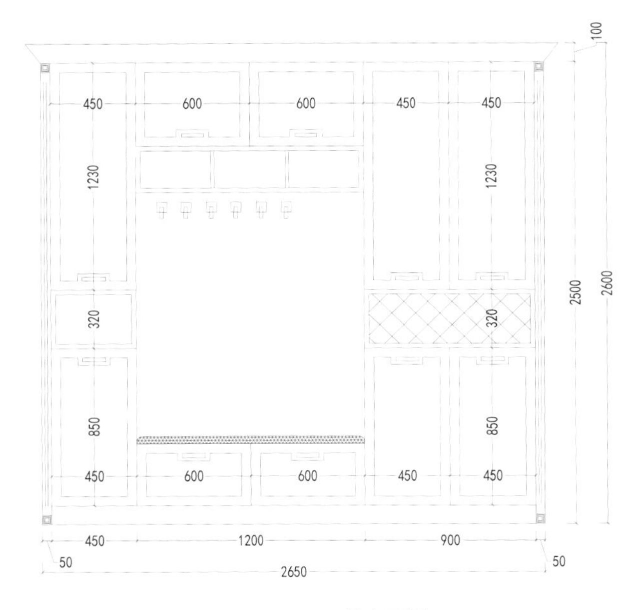

外立面图

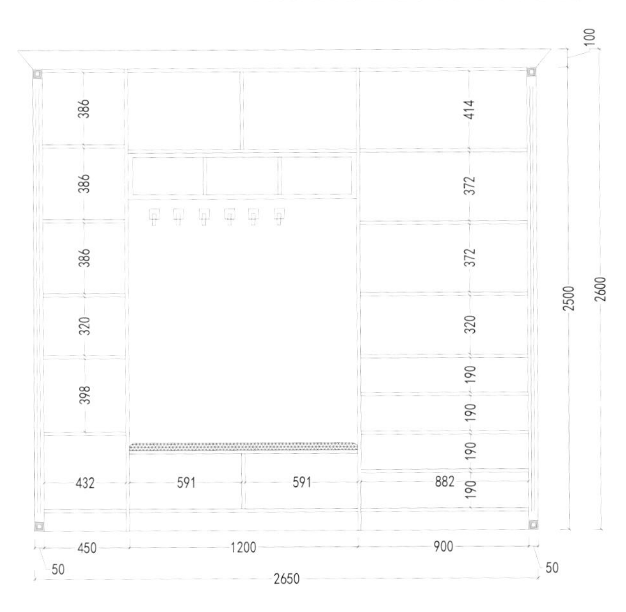

内立面图

编号：XG-020 风格：轻奢极简

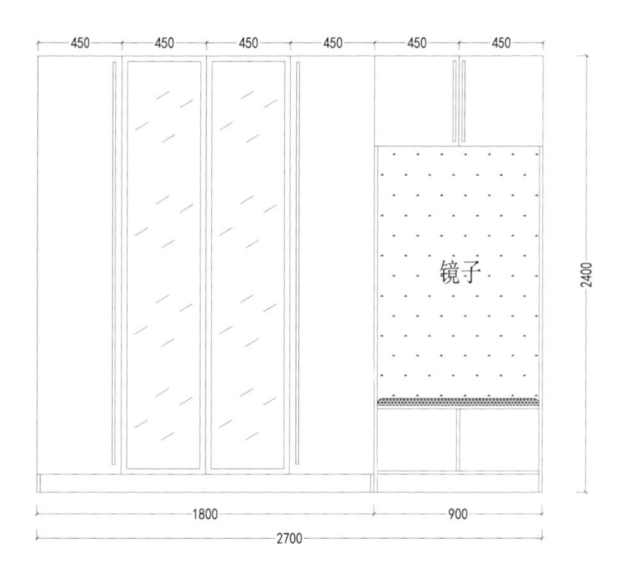

外立面图

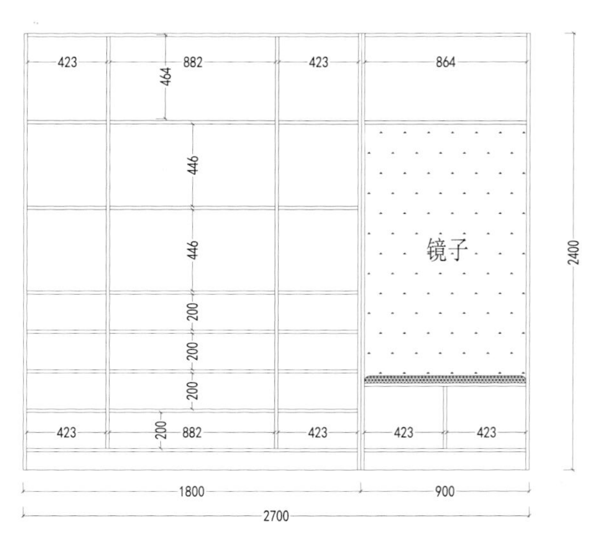

内立面图

编号：XG-021 风格：简欧

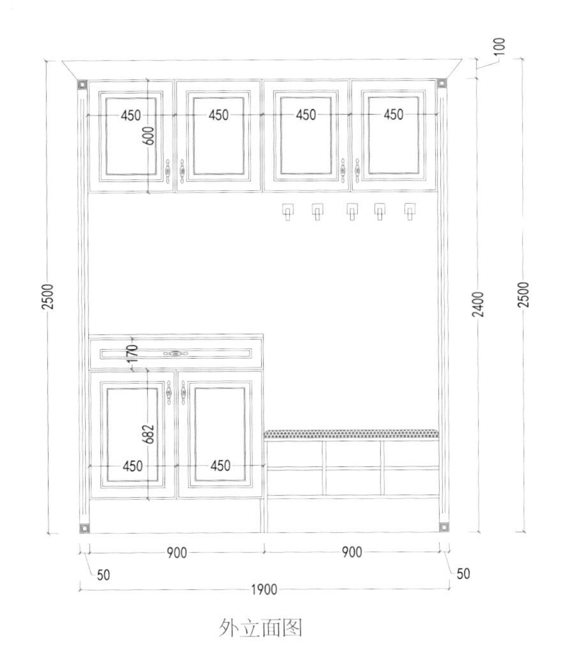

外立面图

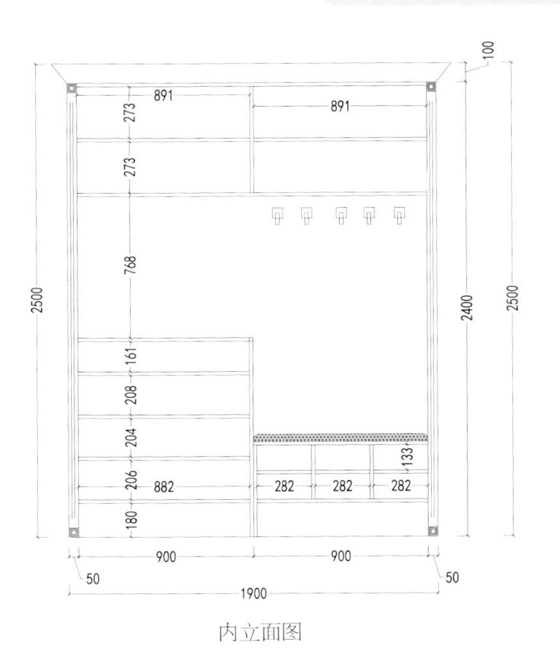

内立面图

编号：XG-022 风格：简欧

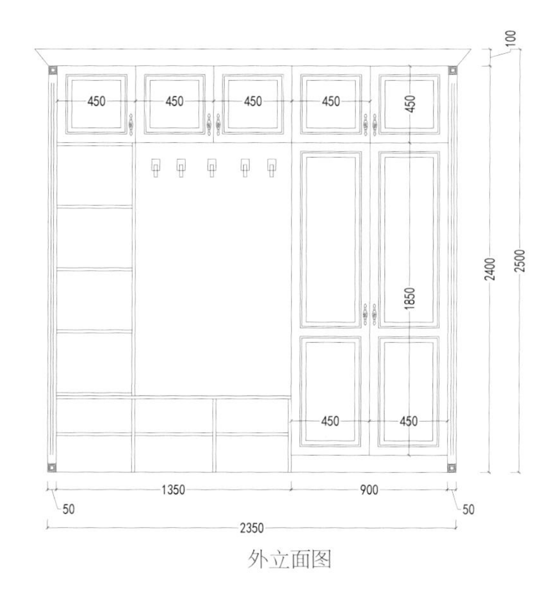

外立面图

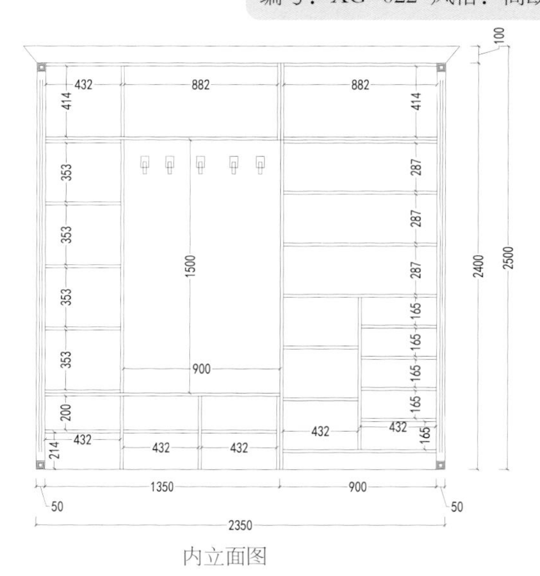

内立面图

编号：XG-023 风格：简欧

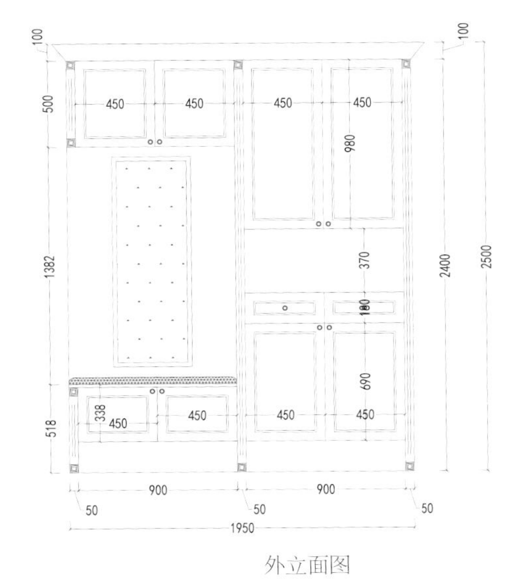

外立面图

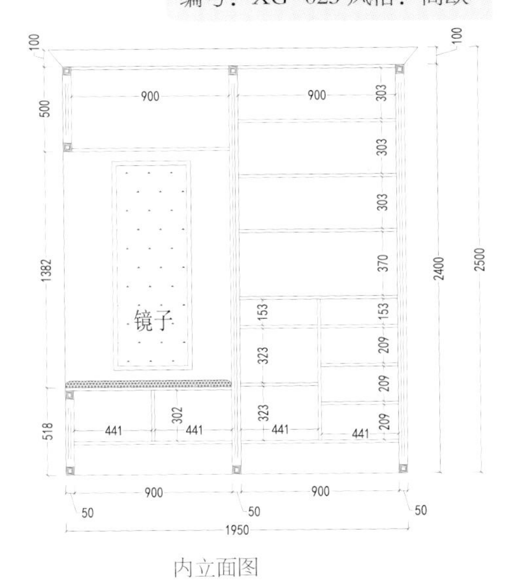

内立面图

编号：XG-024 风格：简欧

左外立面图　　左内立面图　　右外立面图　　右内立面图

编号：XG-025 风格：简欧

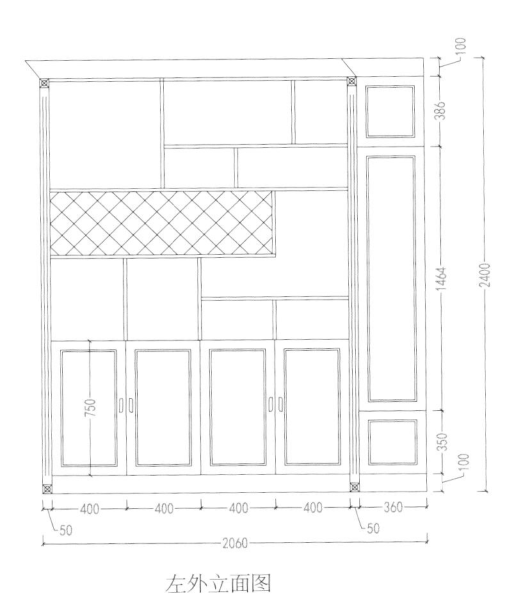

左外立面图

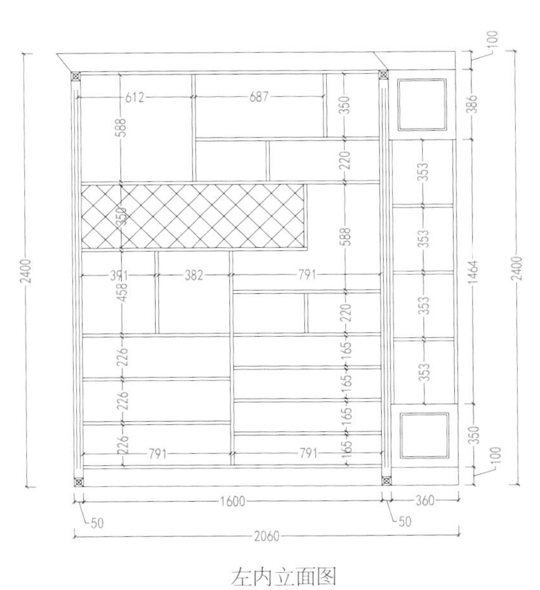

左内立面图

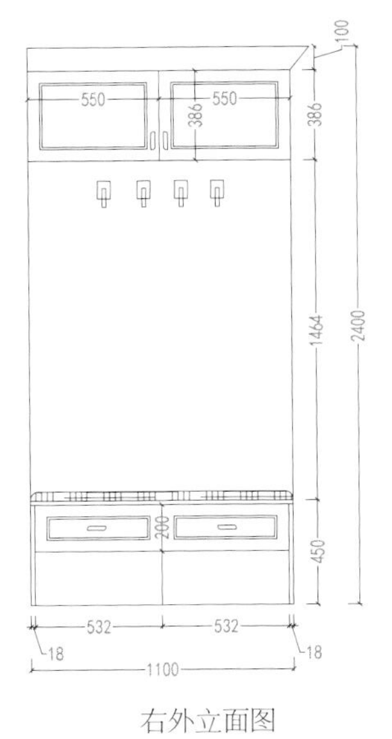

右外立面图

编号：XG-026 风格：简欧

外立面图

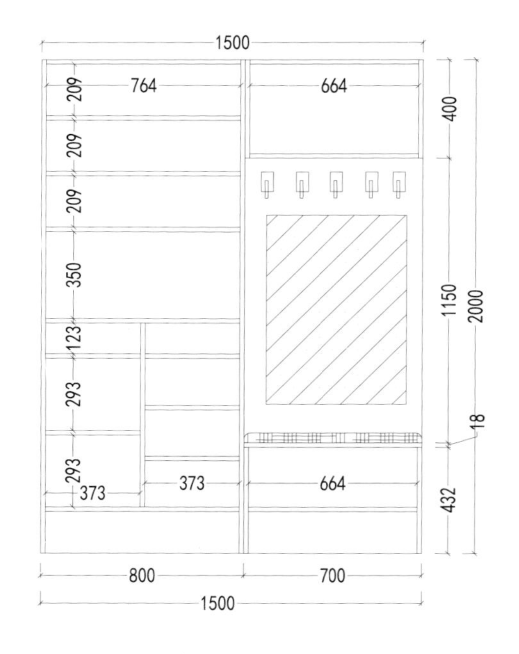

内立面图

编号：XG-027 风格：简欧

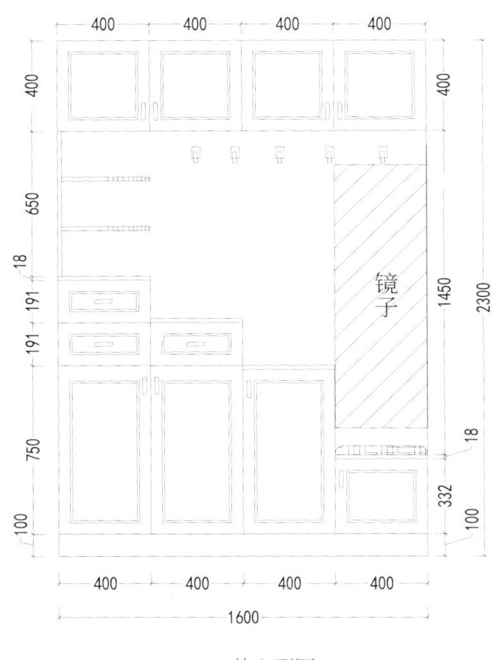

外立面图

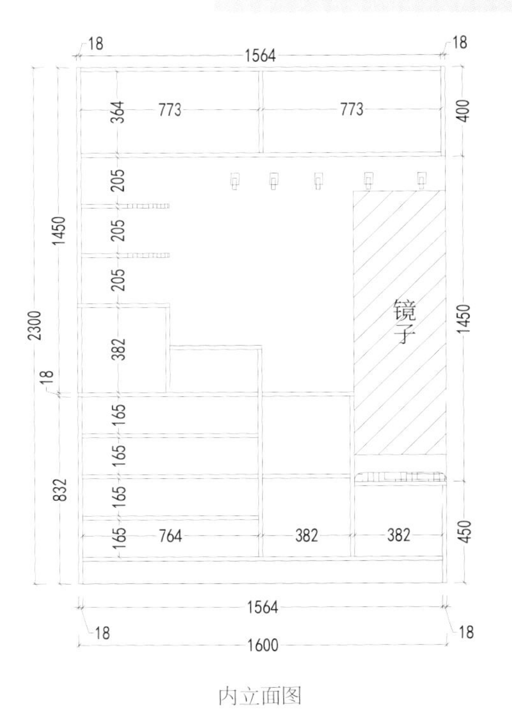

内立面图

编号：XG-028 风格：简欧

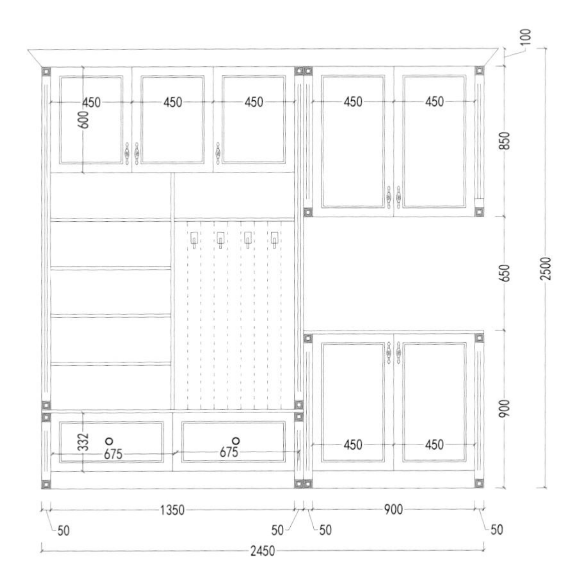

外立面图

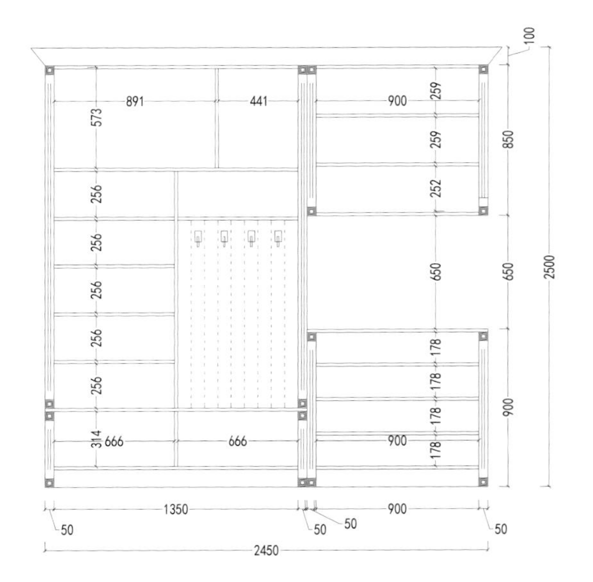

内立面图

编号：XG-029 风格：北欧

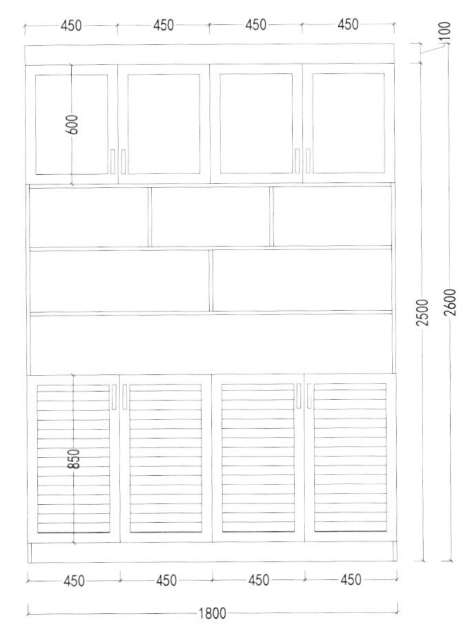

外立面图

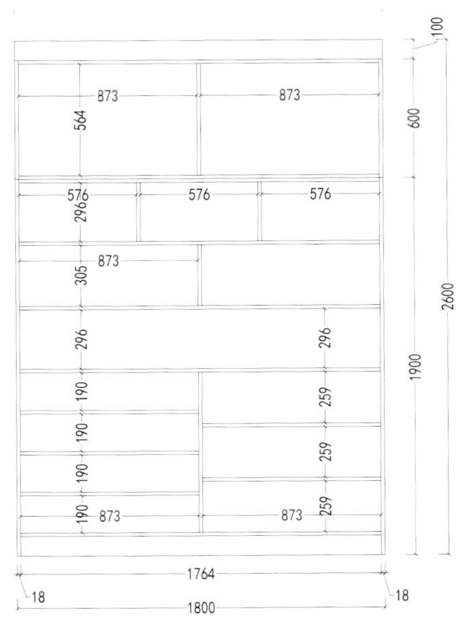

内立面图

编号：XG-030 风格：北欧

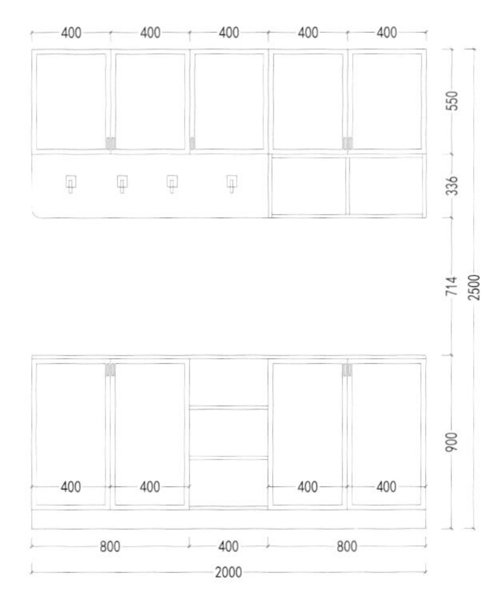

外立面图

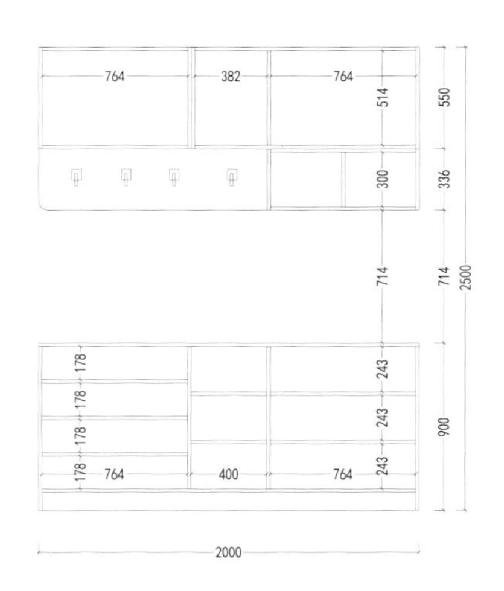

内立面图

编号：XG-031 风格：北欧

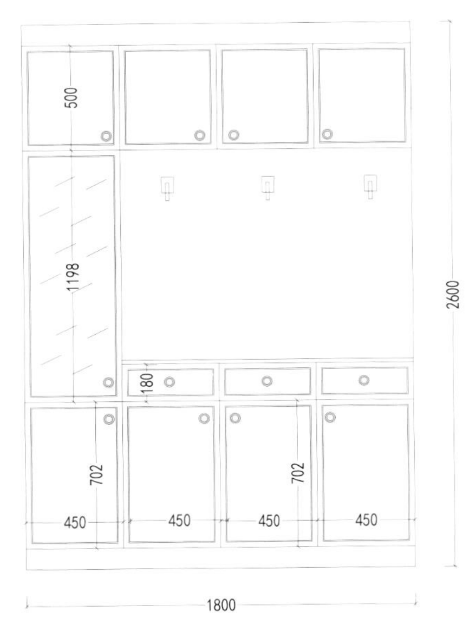

外立面图

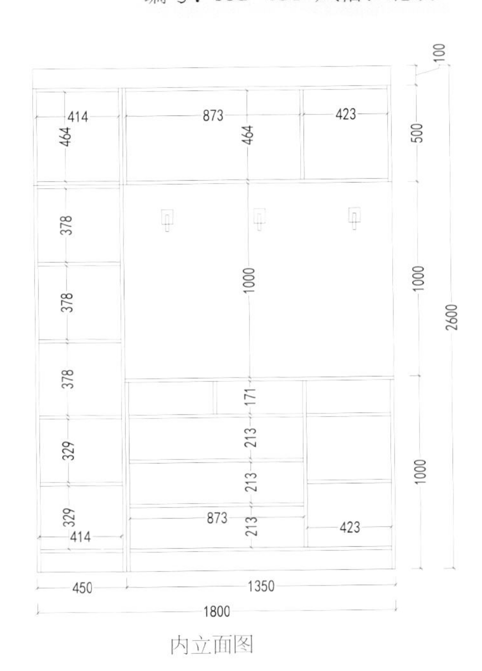

内立面图

编号：XG-032 风格：北欧

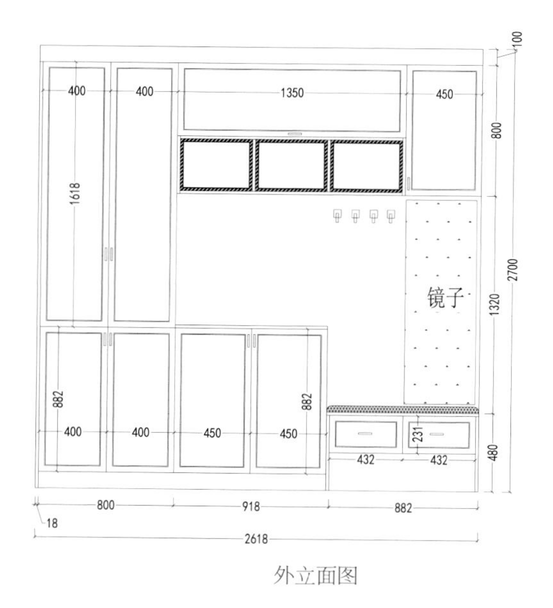

外立面图

内立面图

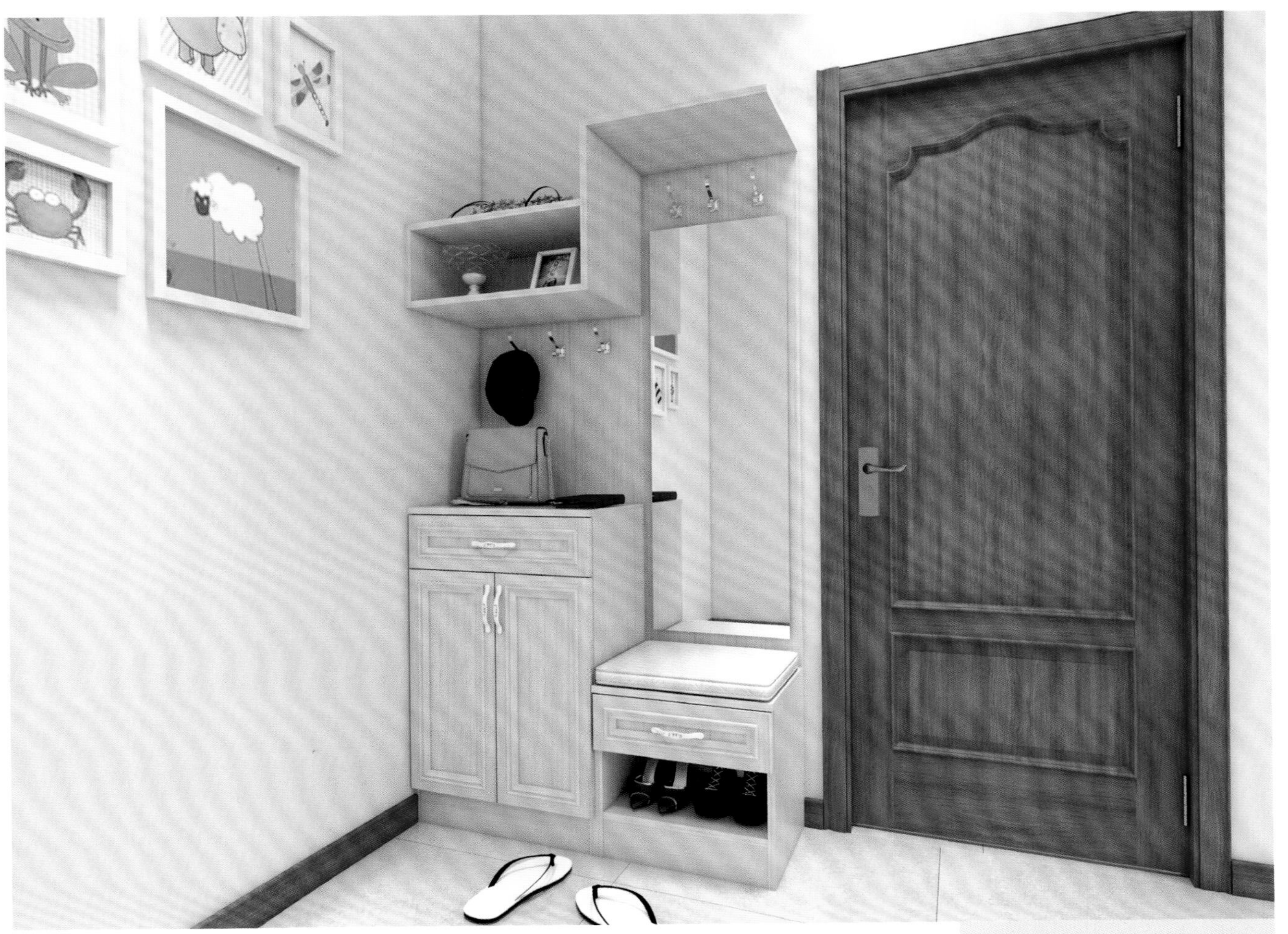

编号：XG-033 风格：北欧

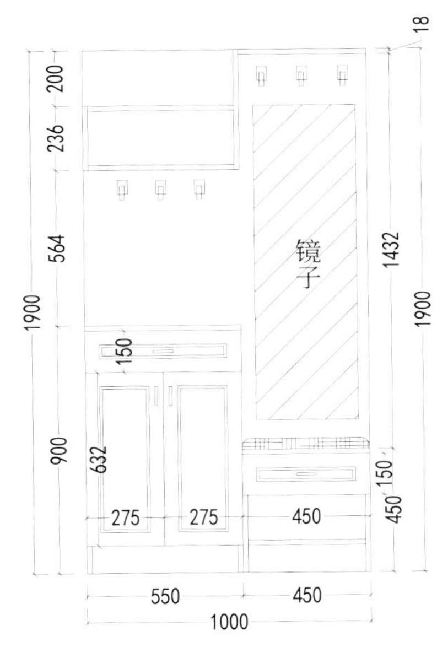

外立面图

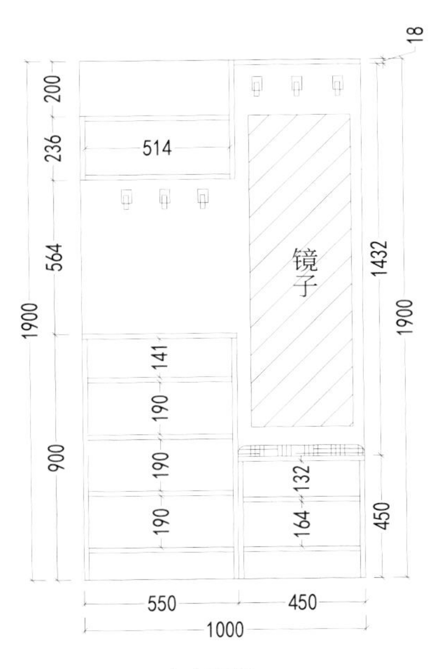

内立面图

编号：XG-034 风格：北欧

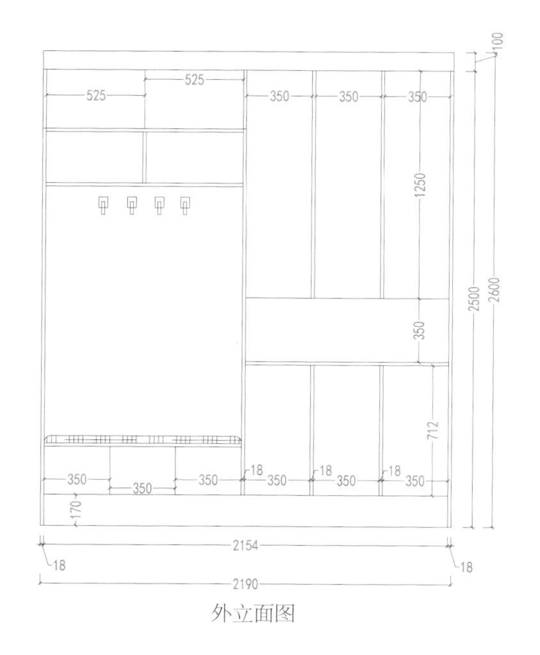

外立面图

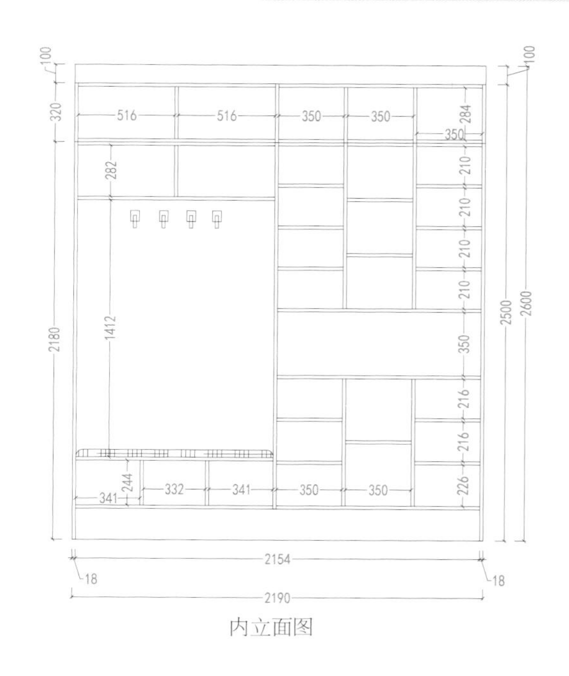

内立面图

编号：XG-035 风格：美式

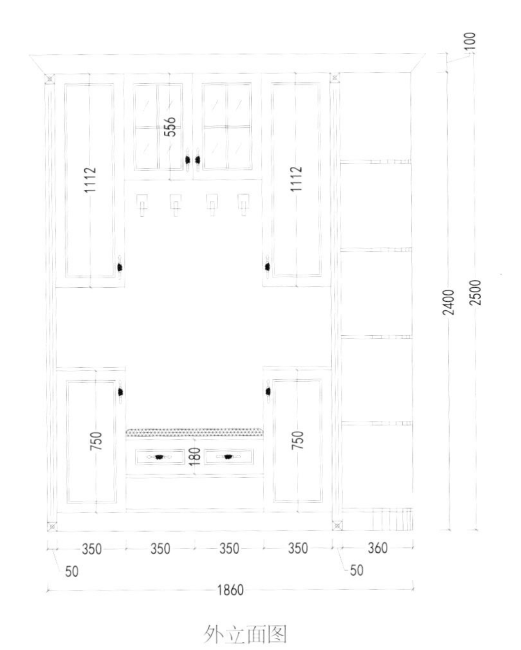

外立面图

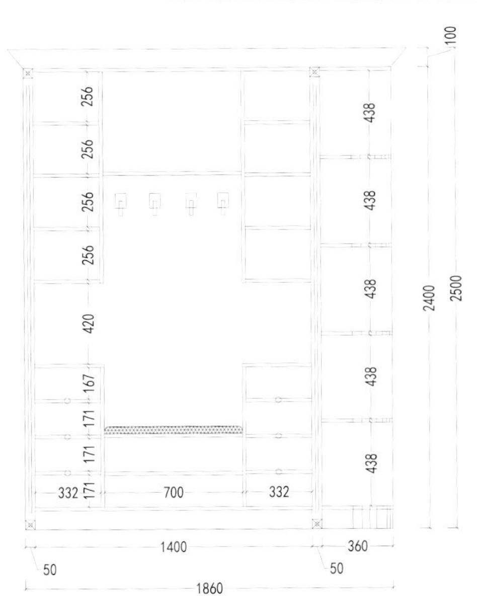

内立面图

编号：XG-036 风格：新中式

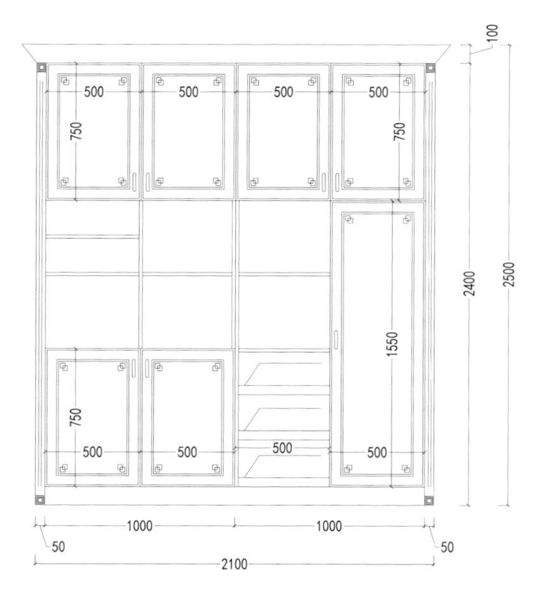

外立面图

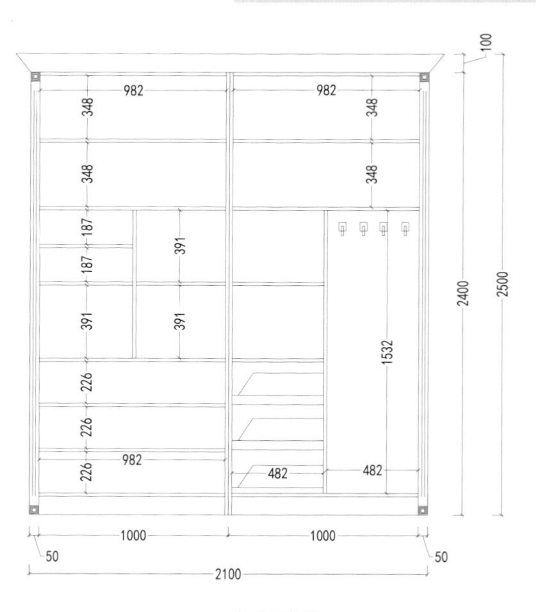

内立面图

编号：XG-037 风格：新中式

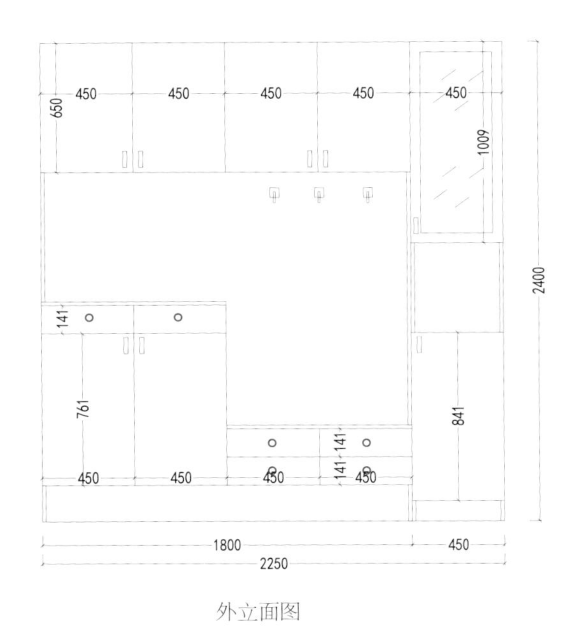

外立面图

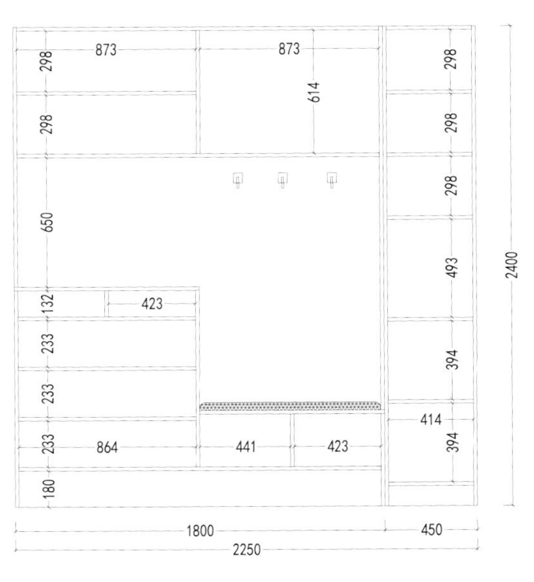

内立面图

编号：XG-038 风格：轻奢

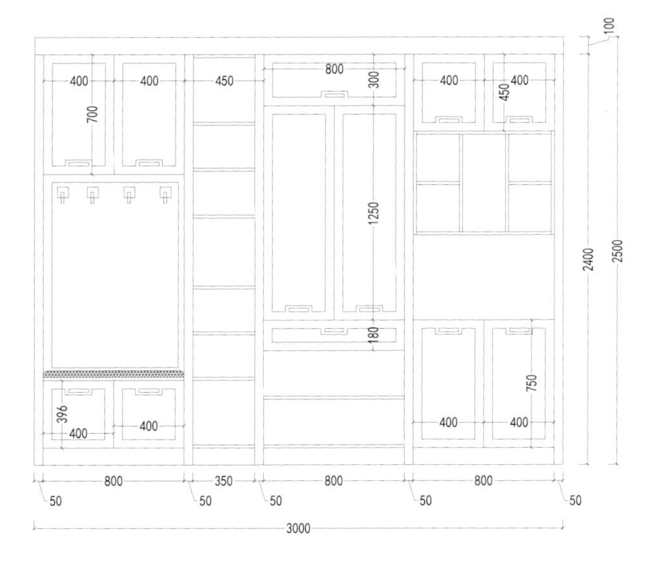

外立面图

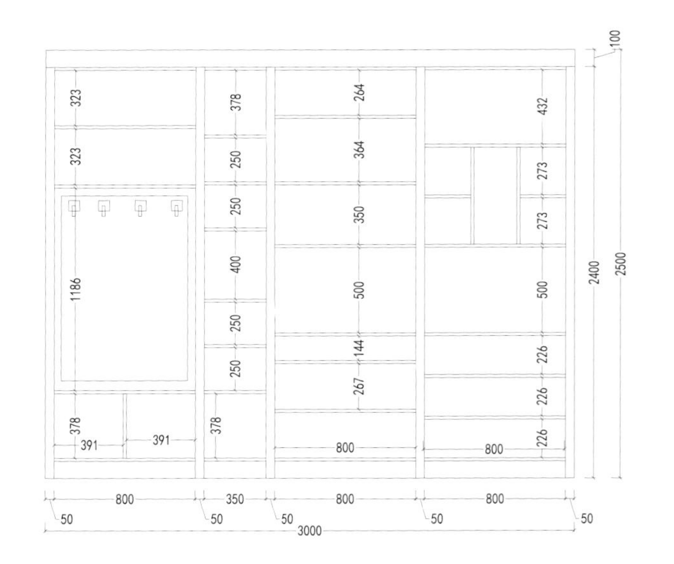

内立面图

编号：XG-039 风格：工业风

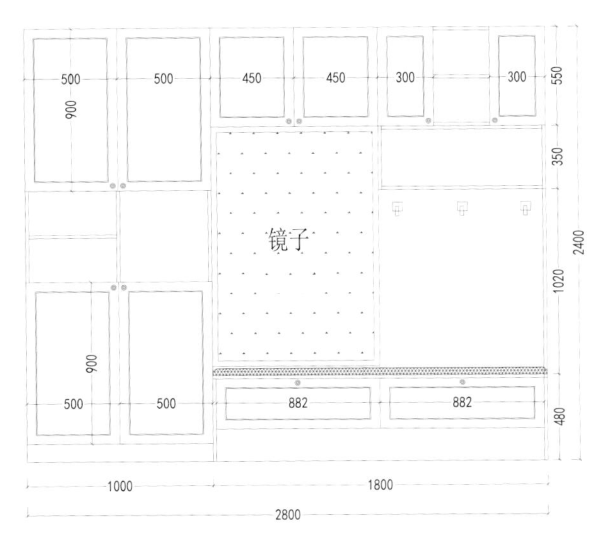

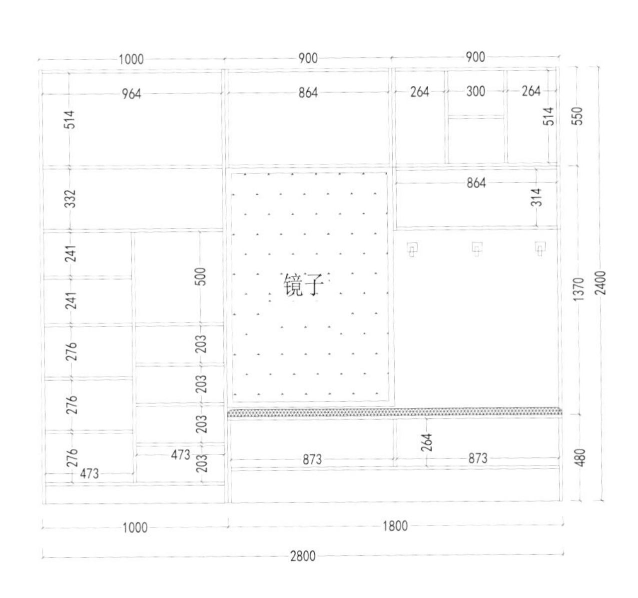

外立面图 内立面图

第二章 电视柜

什么样的电视柜更适合你的客厅

父母那辈认为客厅里有一套沙发、电视和茶几便足以。而我们现在的需求，似乎远远不止这些……

令人赏心悦目的好设计总是以不同的方式出现在你眼前，这些都将成为布置自己客厅时的灵感。有了这些，不用刻意模仿和复制，只需要注入你独特的个性和喜好就可以轻松地打造出舒适又有格调的电视柜。

因为在自己的家里，我们不需要做任何形式的妥协，这里是完全放飞自我的地方，所以让我给你灵感，一起把客厅打造出独一无二的风格，成为家的中心。

你有没有想过，什么样的电视柜更适合自己呢？

编号：DSG-001 风格：现代

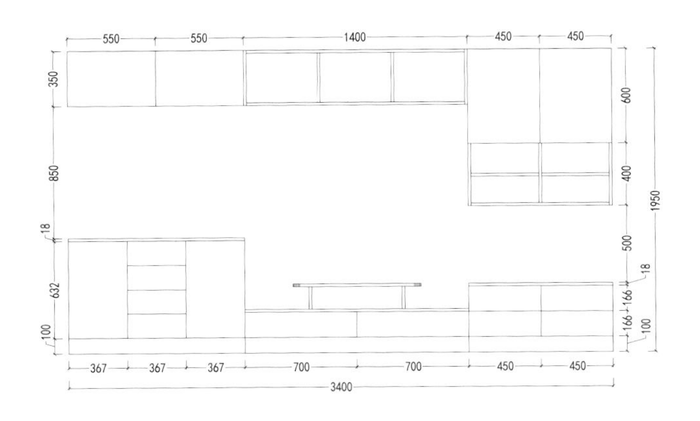

外立面图

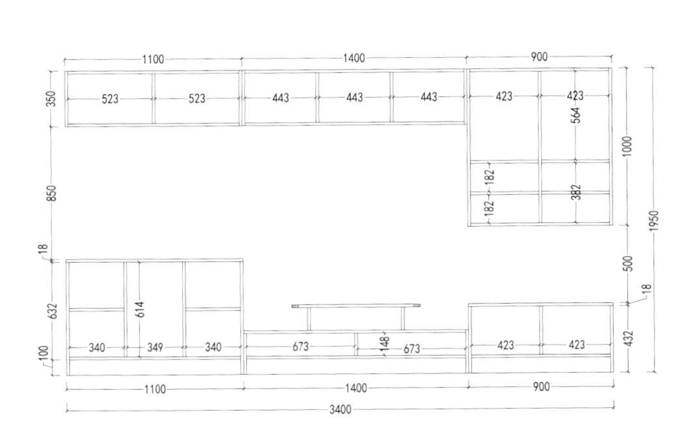

内立面图

编号：DSG-002 风格：现代

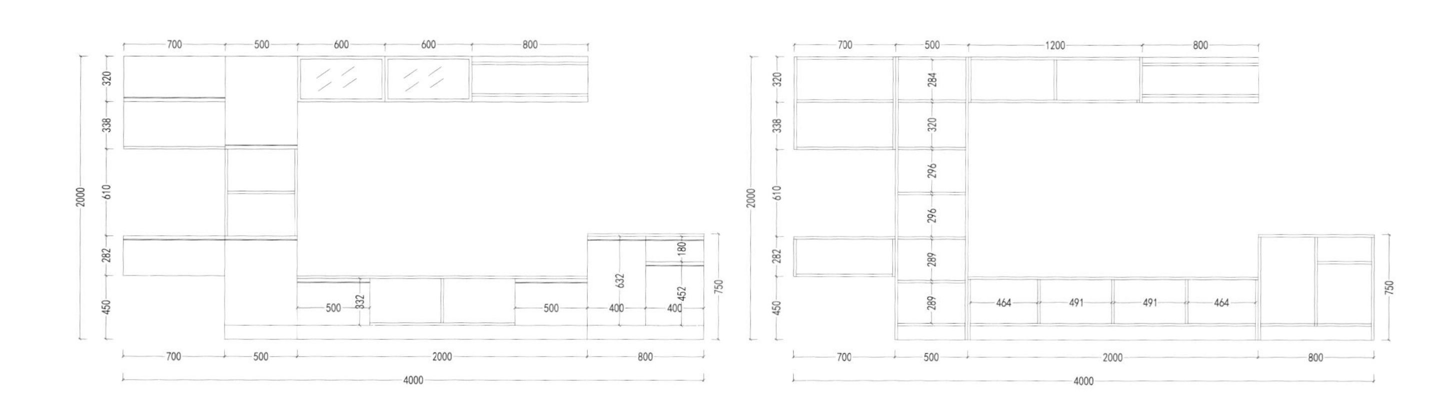

外立面图　　内立面图

编号：DSG-003 风格：现代

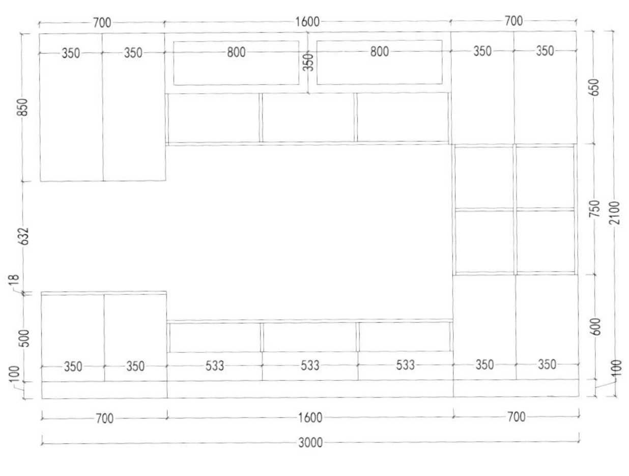

外立面图

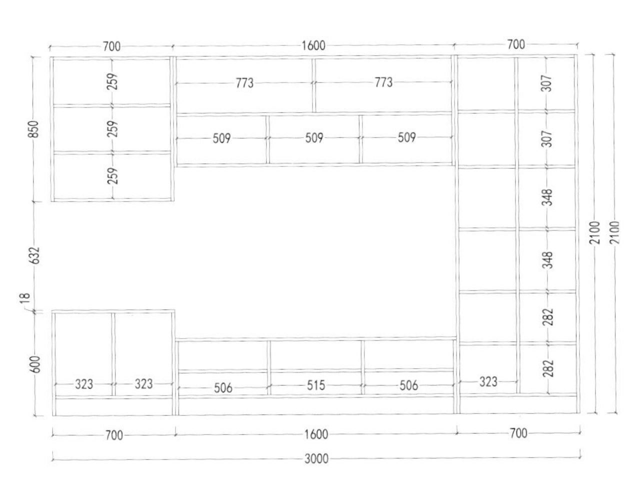

内立面图

编号：DSG-004 风格：现代

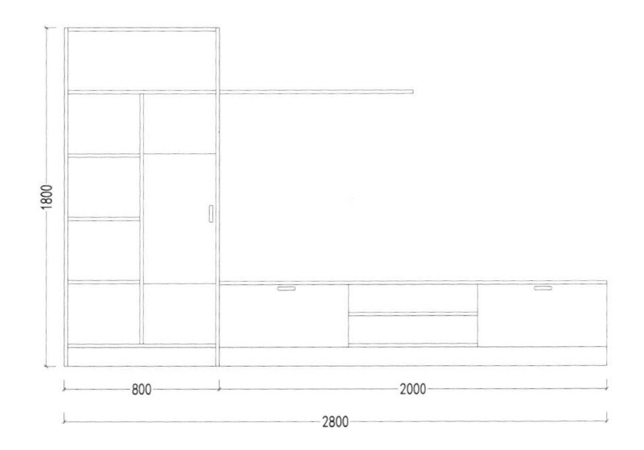

外立面图

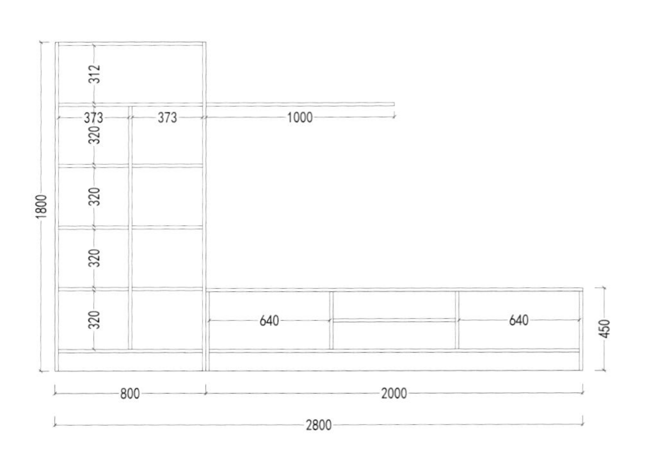

内立面图

编号：DSG−005 风格：现代

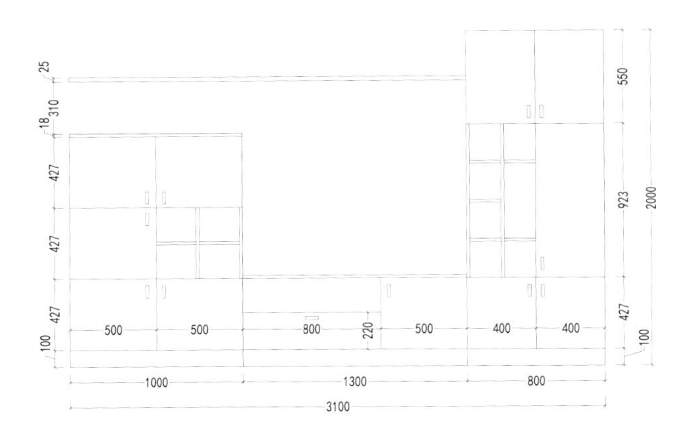

外立面图

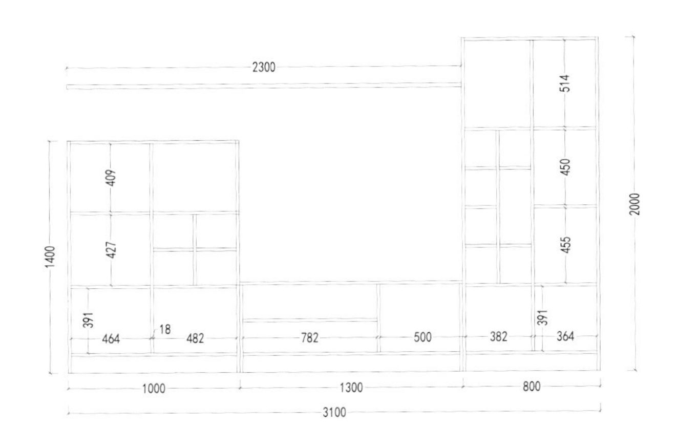

内立面图

编号：DSG-006 风格：现代

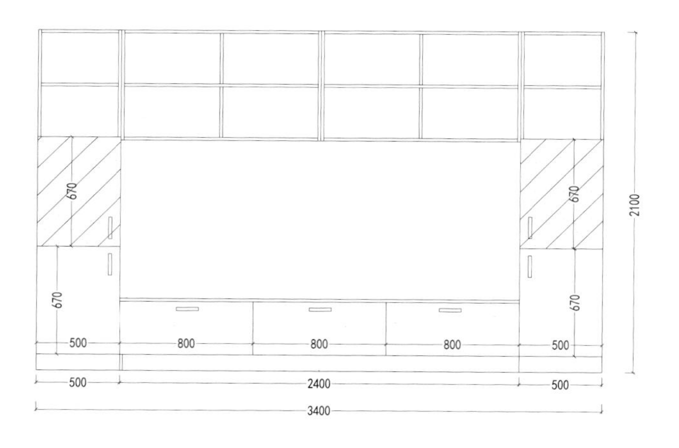

外立面图

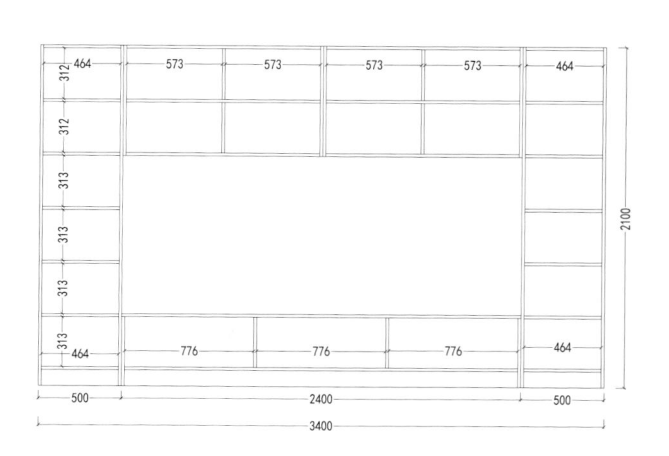

内立面图

编号：DSG-007 风格：现代

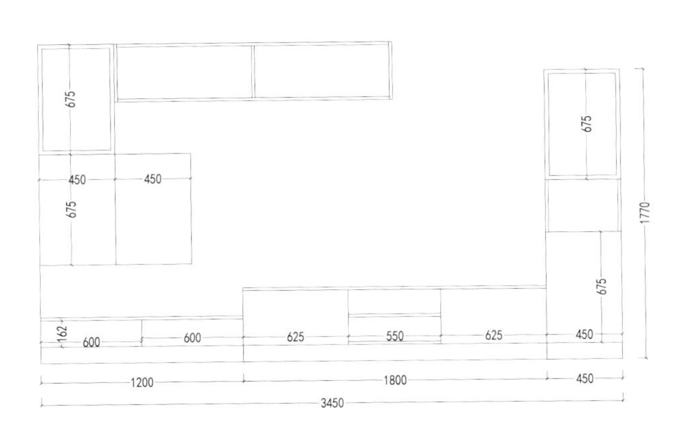

外立面图

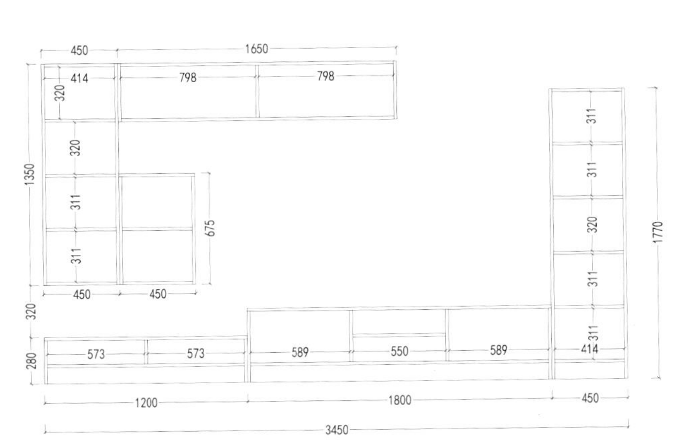

内立面图

编号：DSG-008 风格：现代

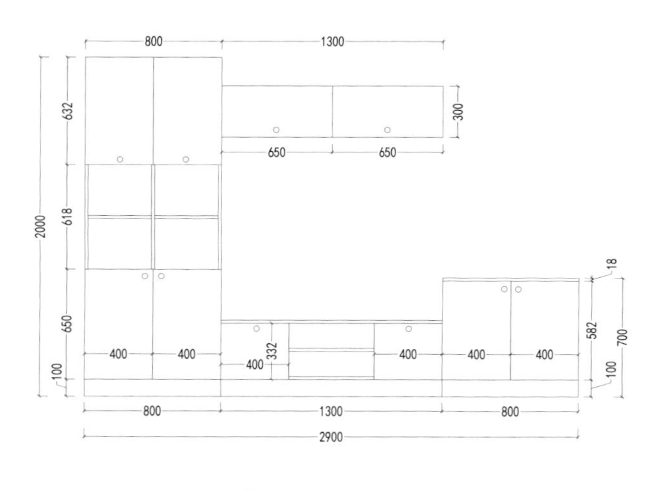

外立面图

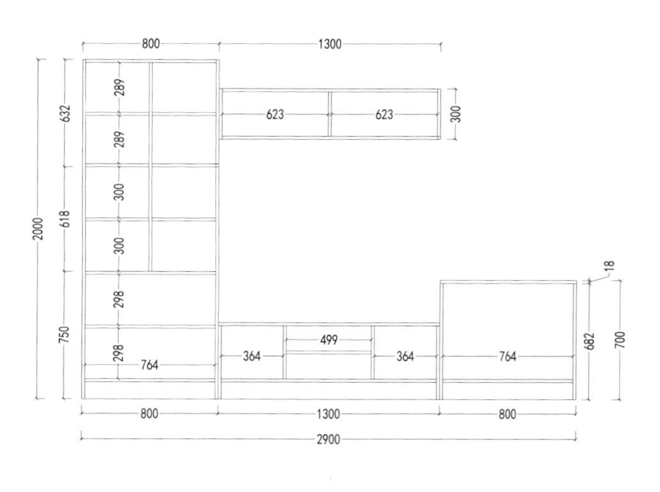

内立面图

编号：DSG-009 风格：现代

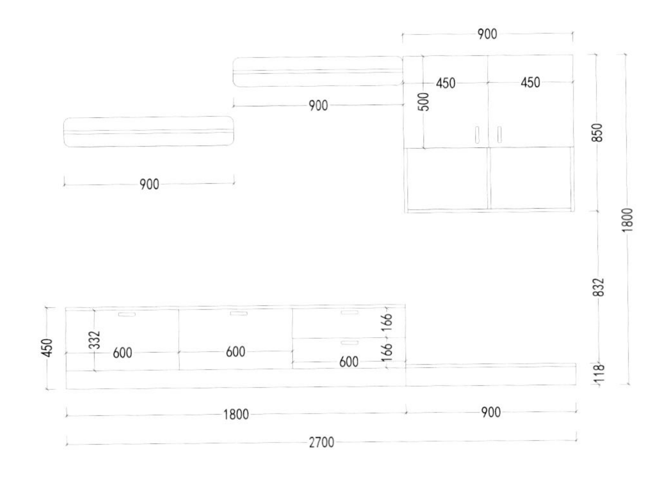

外立面图

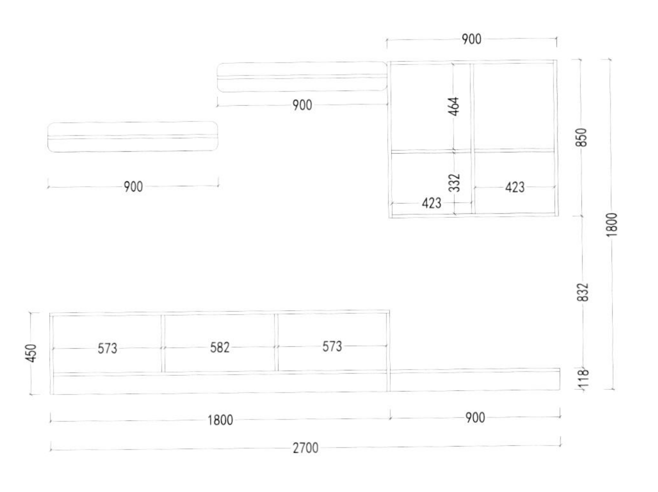

内立面图

编号：DSG-010 风格：现代

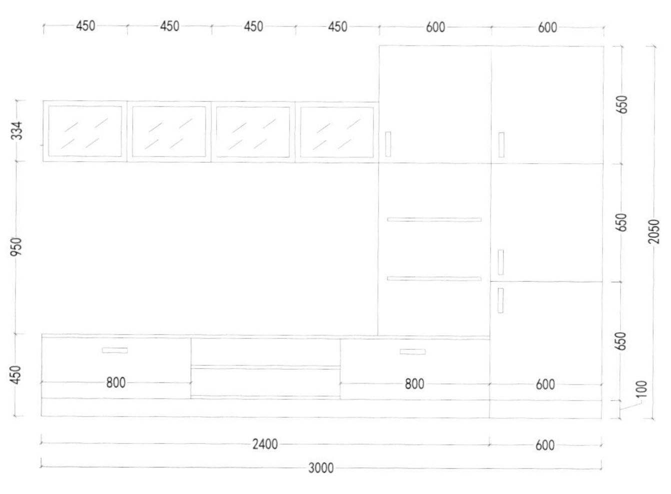

外立面图

600 600
900 900
423 423 423 423
298 298 312 312 303 303
500 305 305 305
2050
764 800 764 564
2400 600
3000

内立面图

编号：DSG-011 风格：现代

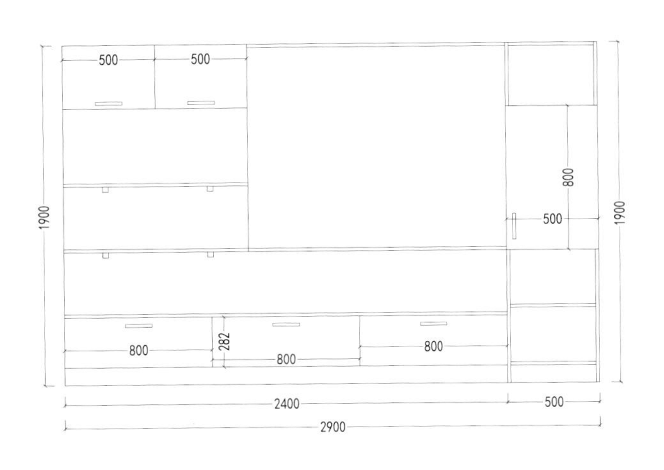

外立面图

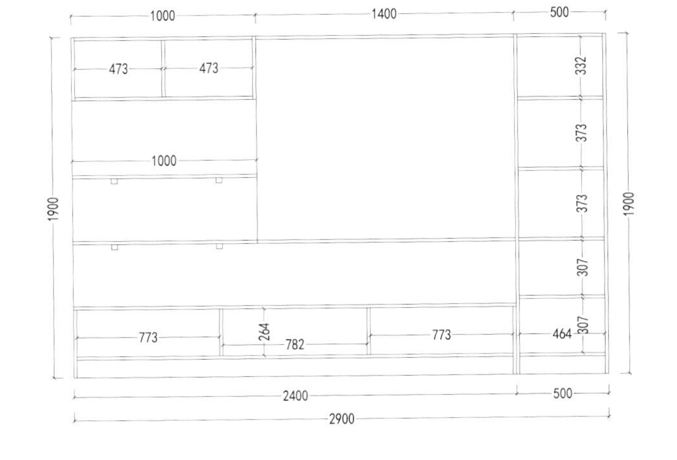

内立面图

编号：DSG-012 风格：极简

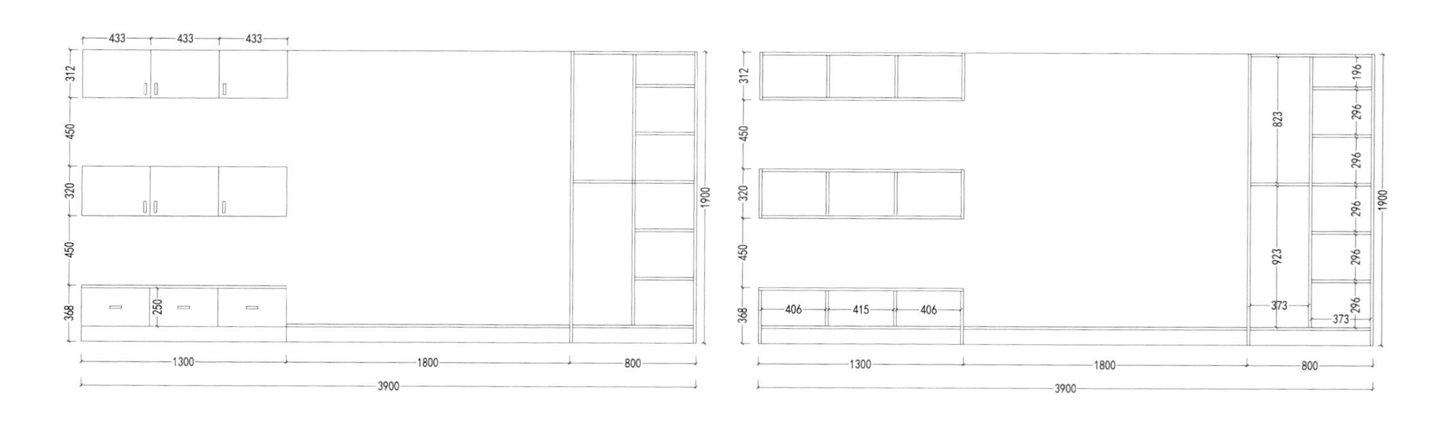

外立面图

内立面图

编号：DSG-013 风格：简欧

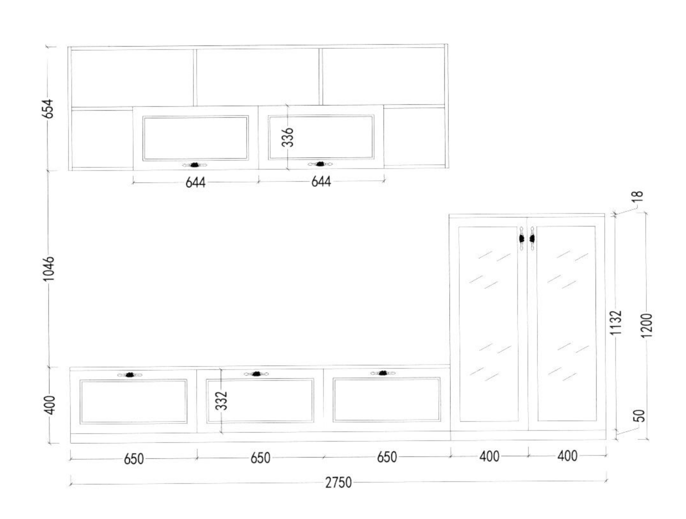

外立面图

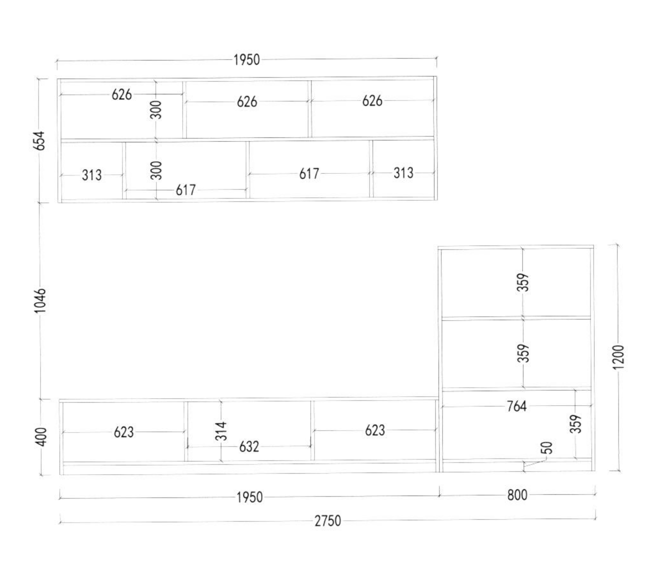

内立面图

编号：DSG-014 风格：简欧

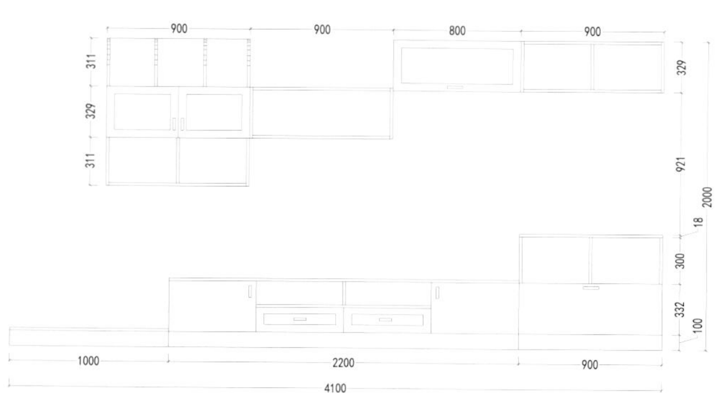

外立面图

内立面图

编号：DSG-015 风格：简欧

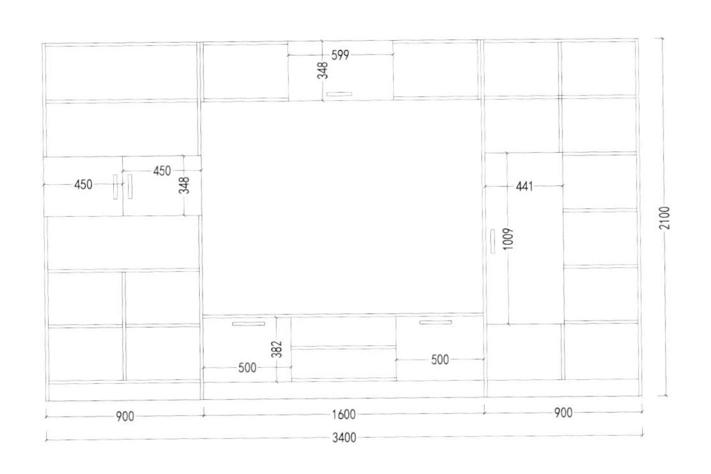

外立面图

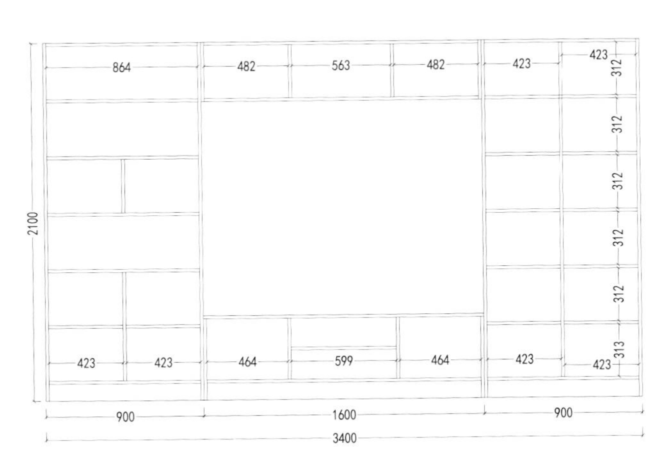

内立面图

编号：DSG-016 风格：简欧

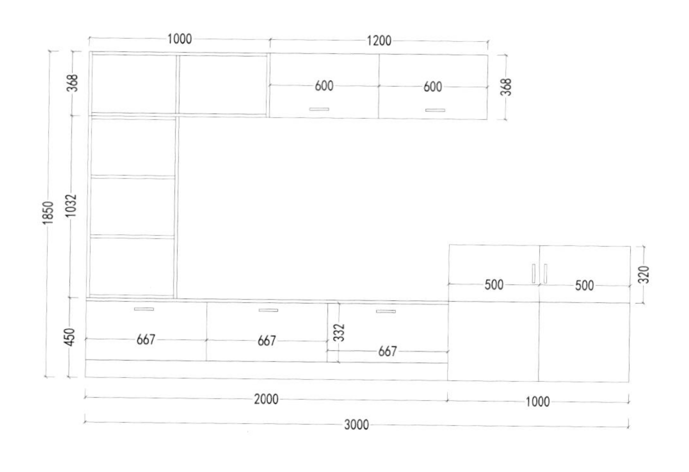

外立面图

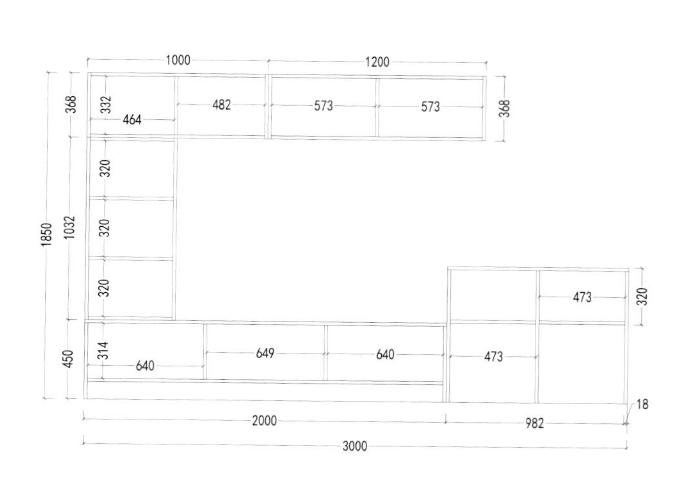

内立面图

编号：DSG-017 风格：简欧

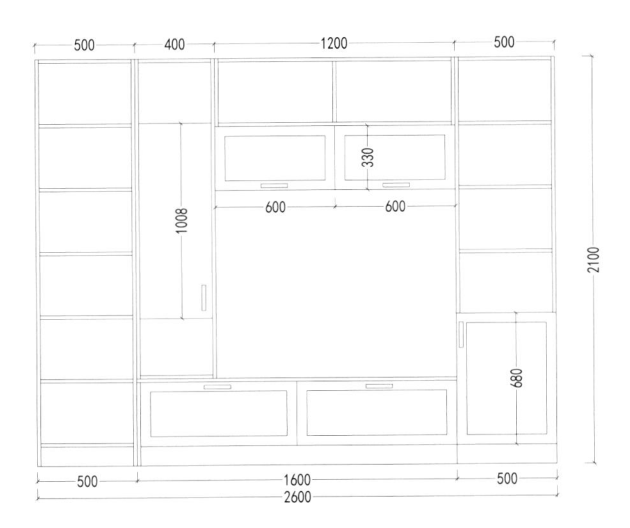

外立面图

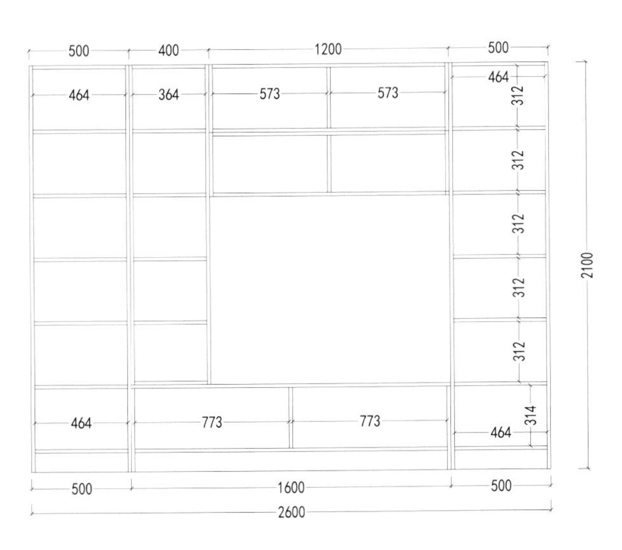

内立面图

编号：DSG-018 风格：欧式

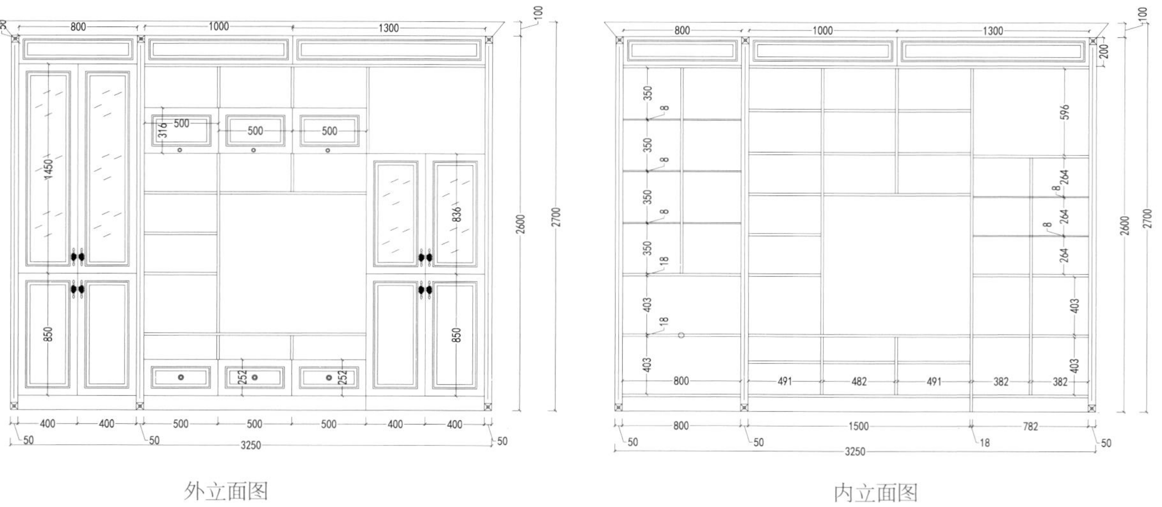

外立面图　　　　内立面图

编号：DSG-019 风格：欧式

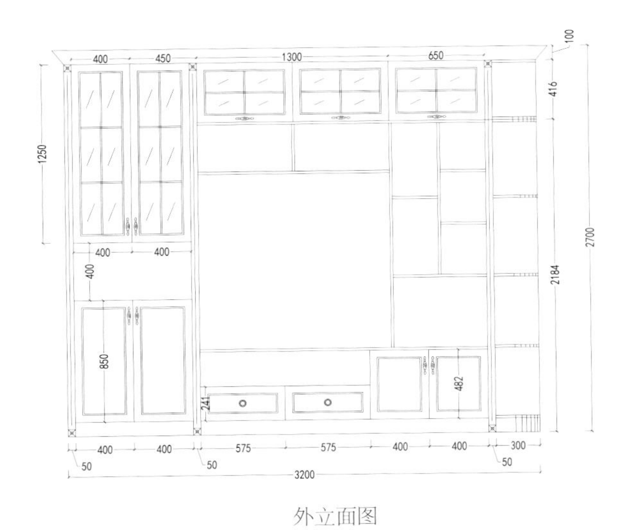

外立面图

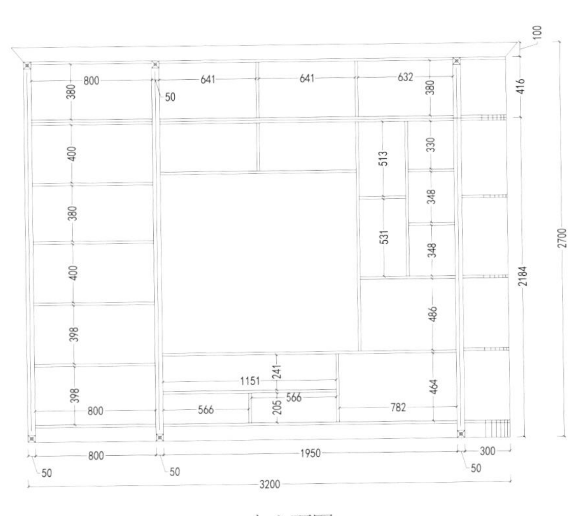

内立面图

编号：DSG-020 风格：欧式

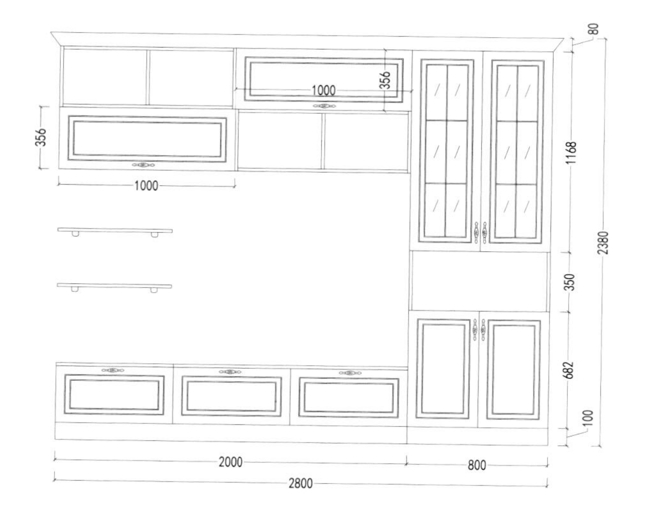

外立面图

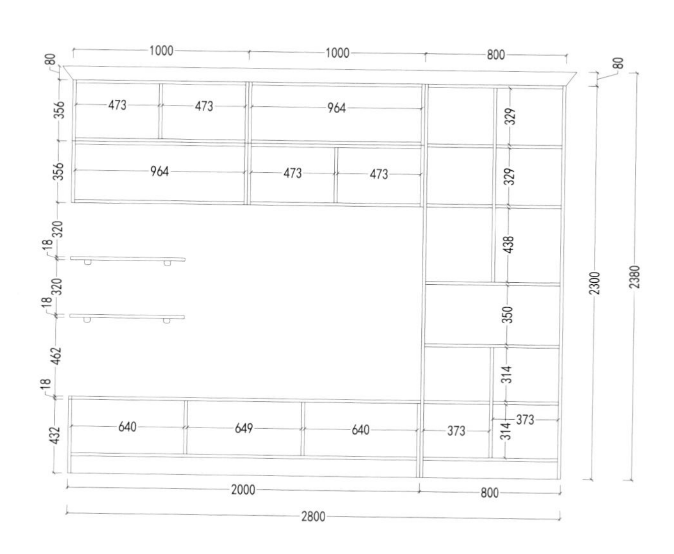

内立面图

编号：DSG-021 风格：北欧

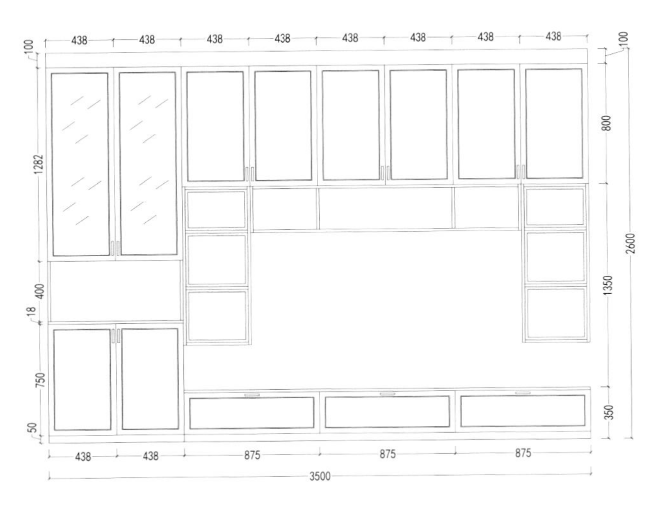

外立面图

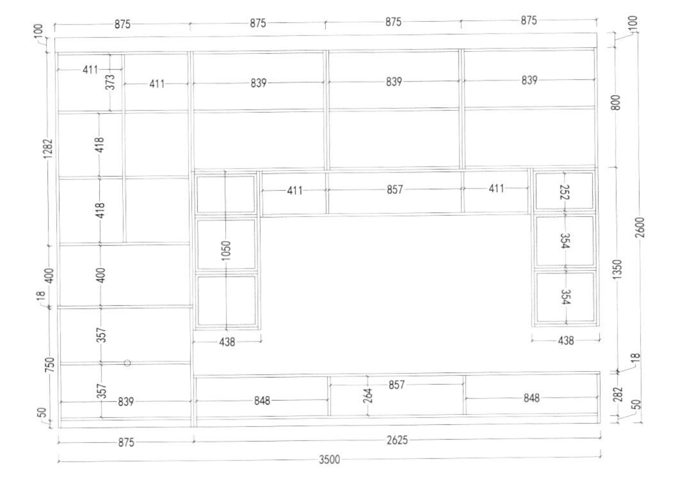

内立面图

编号：DSG-022 风格：北欧

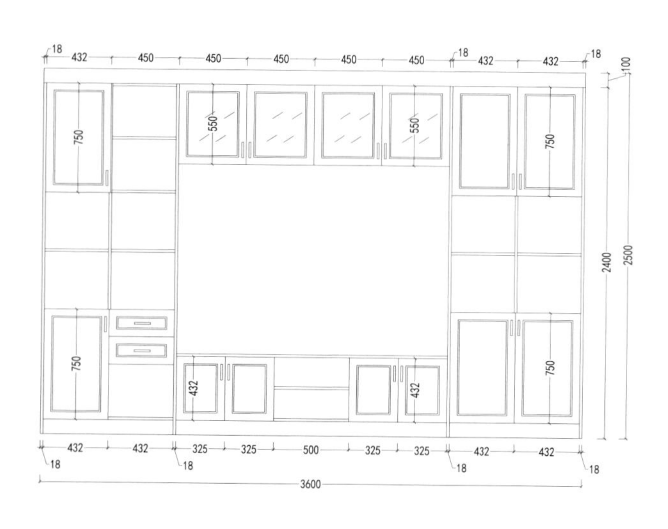

外立面图

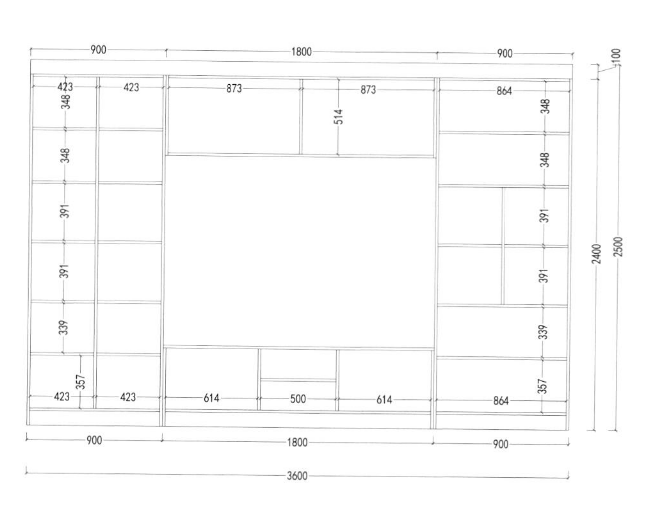

内立面图

编号：DSG-023 风格：北欧

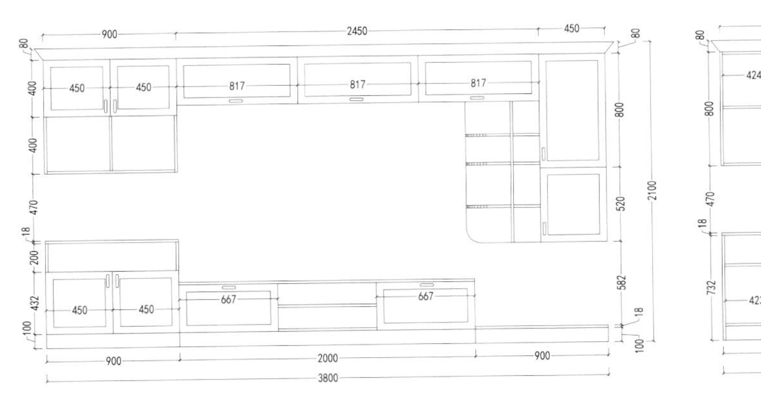

外立面图

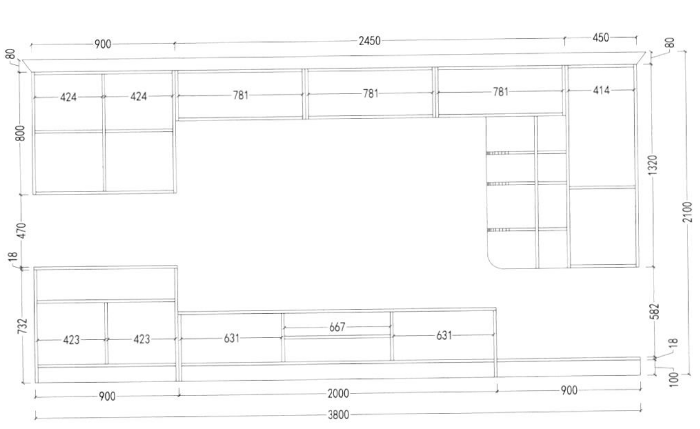

内立面图

编号：DSG-024 风格：北欧

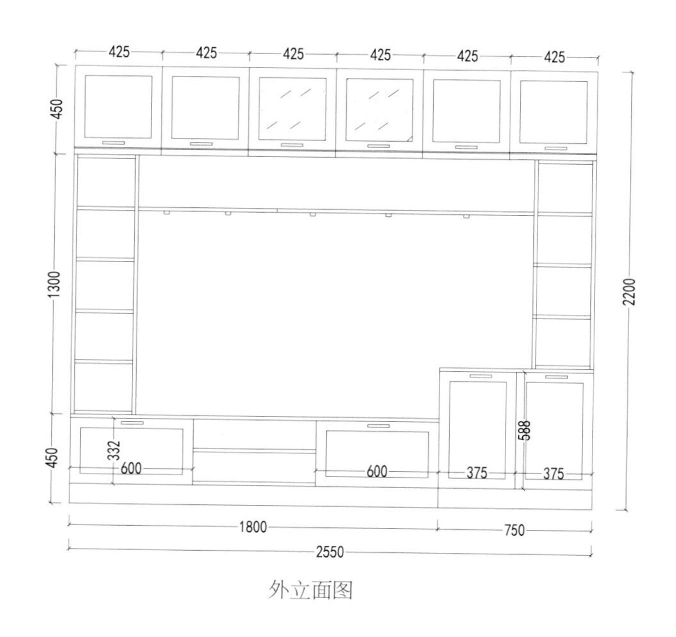

外立面图

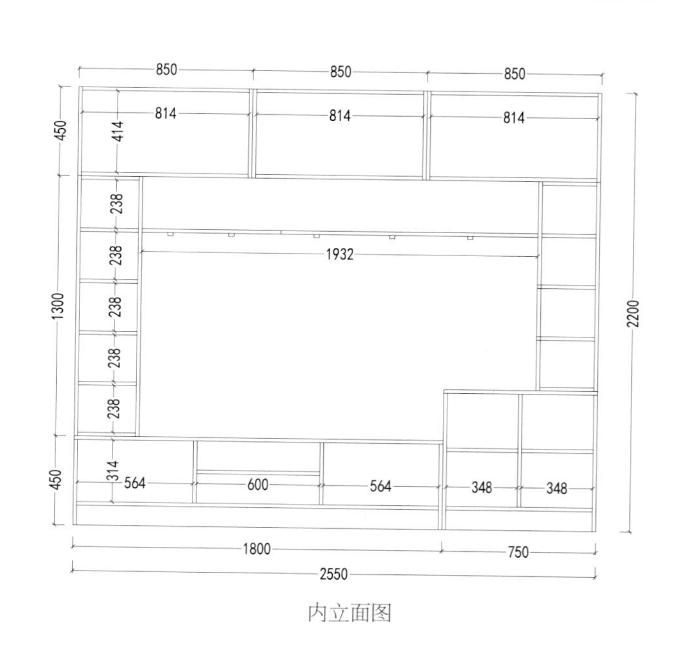

内立面图

编号：DSG-025 风格：北欧

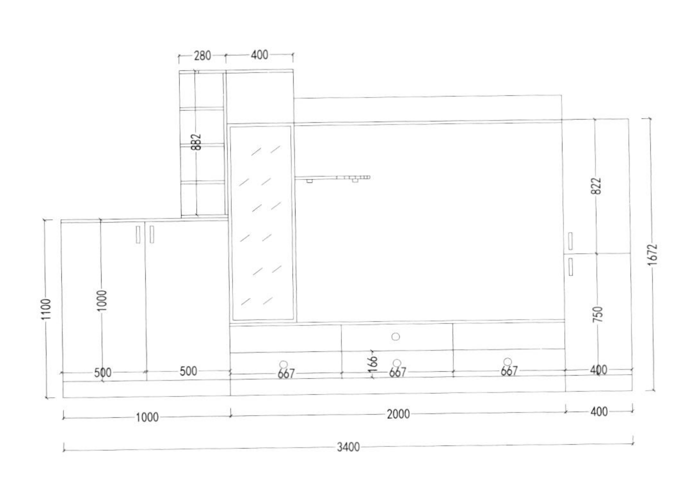

外立面图

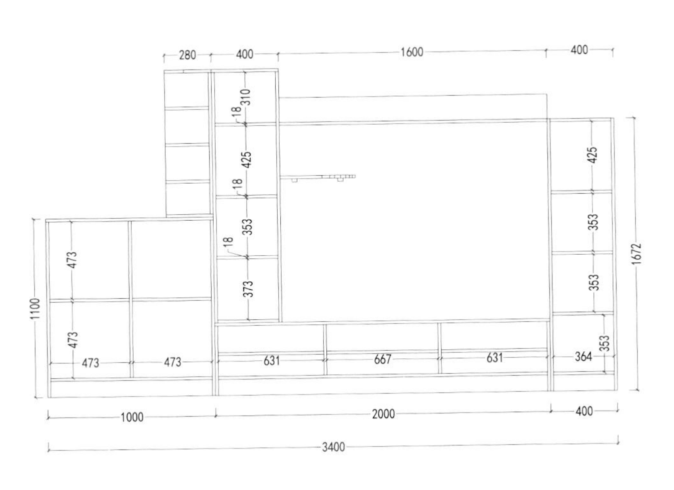

内立面图

编号：DSG-026 风格：北欧

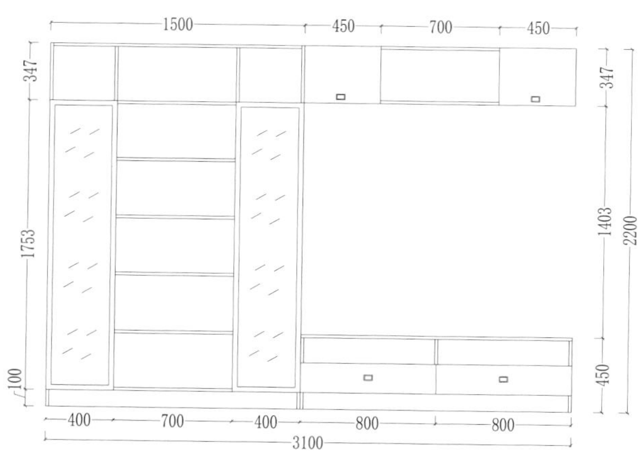

外立面图

364
700
364
414
700
414
347
329
329
329
329
1403
2200
364
700
364
773
773
450

内立面图

编号：DSG-027 风格：北欧

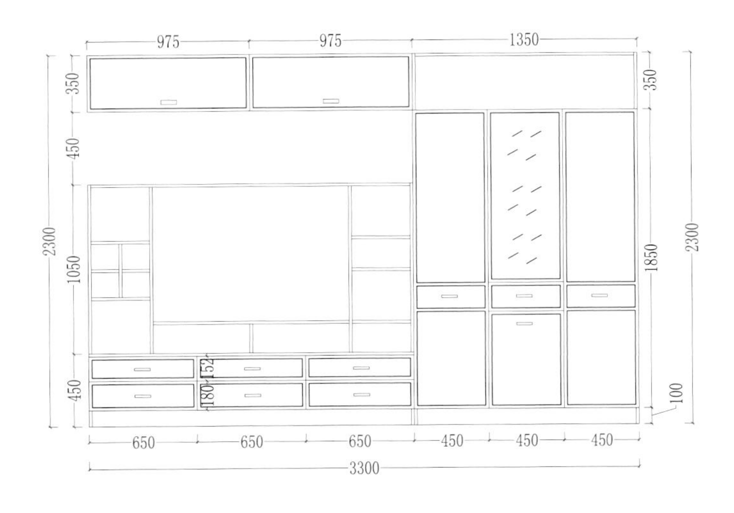

外立面图

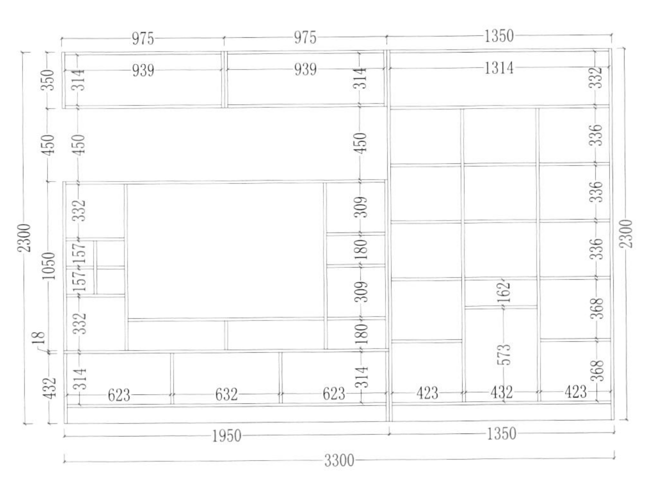

内立面图

编号：DSG-028 风格：中式

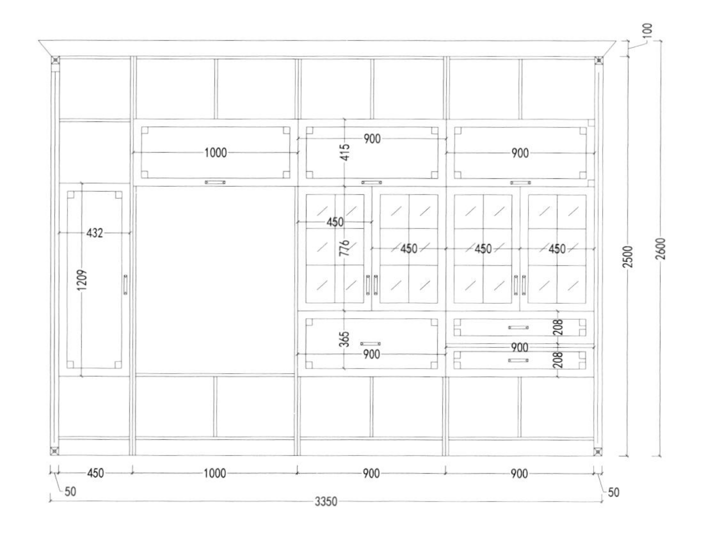

外立面图

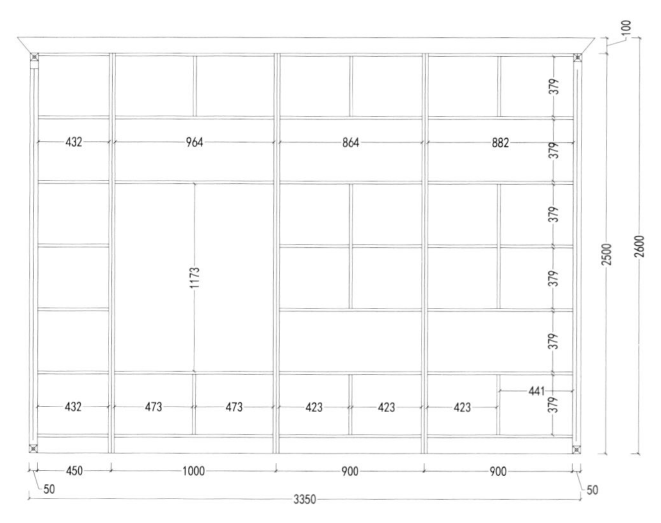

内立面图

编号：DSG-029 风格：轻奢

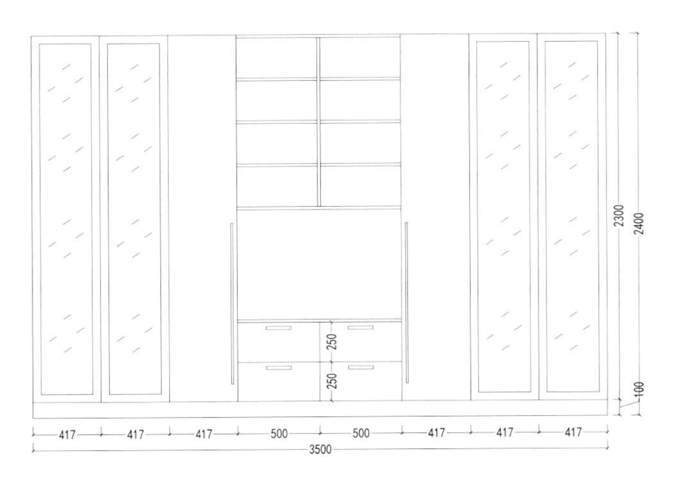

外立面图

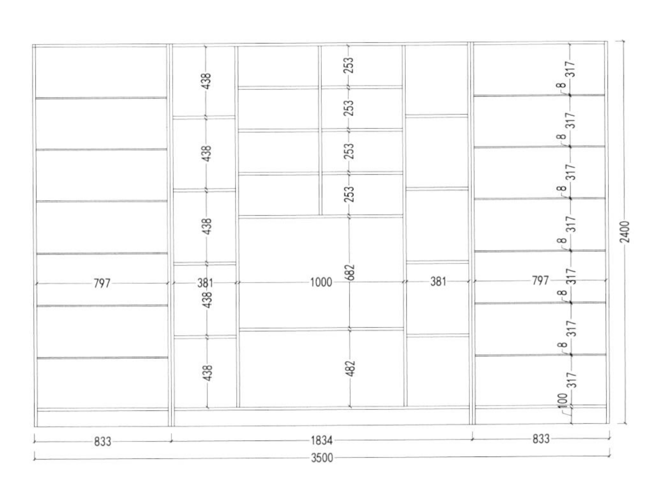

内立面图

编号：DSG-030 风格：轻奢

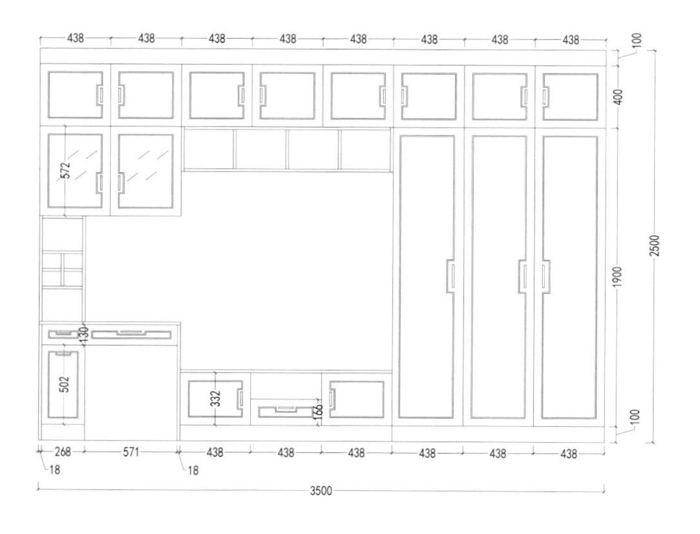

外立面图

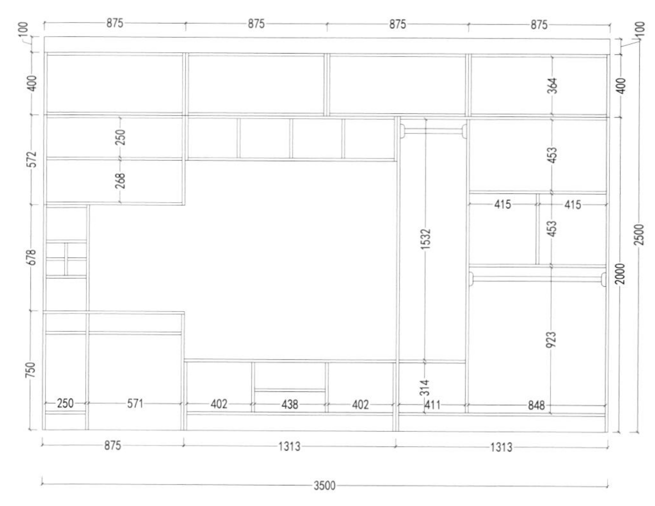

内立面图

编号：DSG-031 风格：轻奢

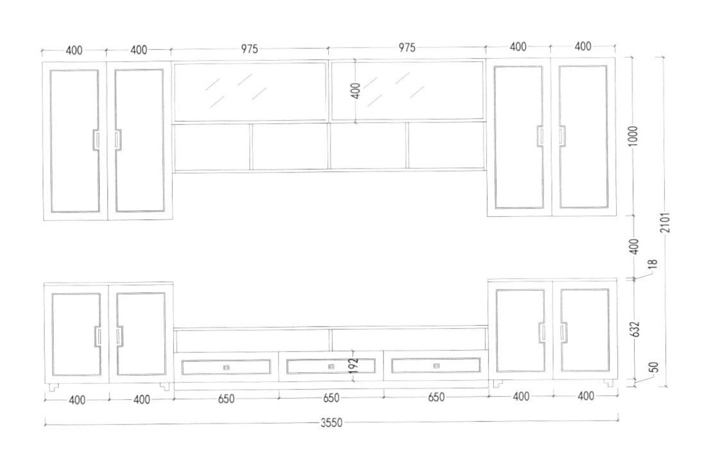

外立面图

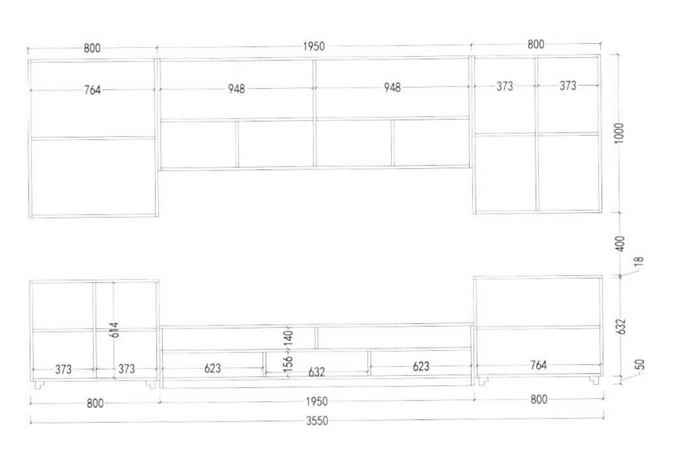

内立面图

编号：DSG-032 风格：轻奢

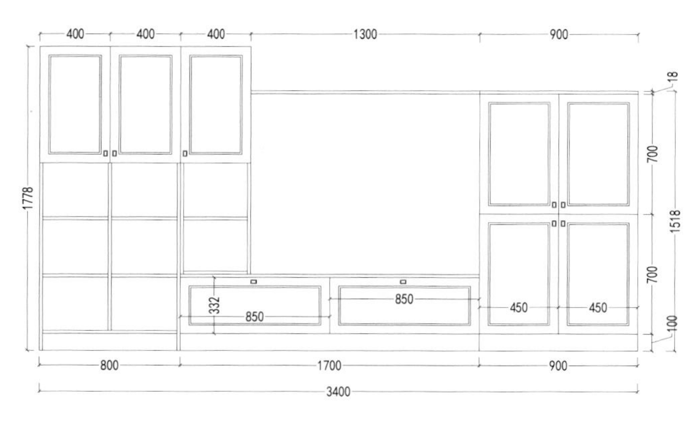

外立面图

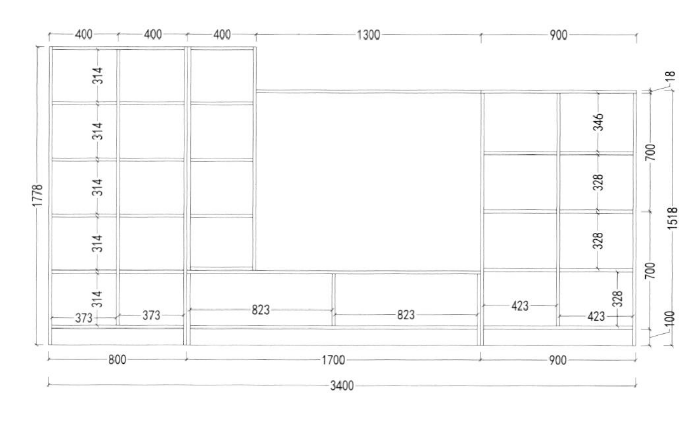

内立面图

编号：DSG-033 风格：工业风

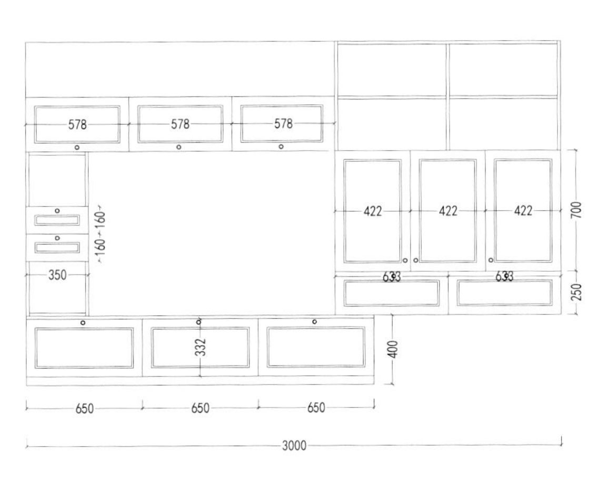

外立面图

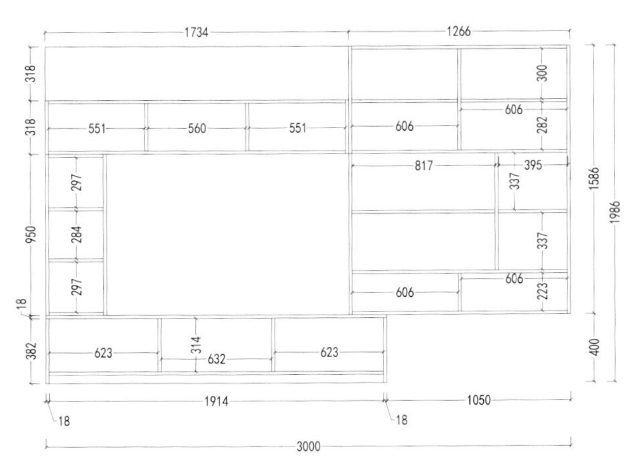

内立面图

第三章 酒柜/餐边柜

拿什么拯救你？我的酒柜/餐边柜
这些酒柜设计，一秒钟让餐厅不再杂乱！

饭桌上的觥筹交错，高声交谈与放肆大笑，这一切都发生在餐厅里，所以我们怎么能容忍餐厅的杂乱？

没有酒柜/餐边柜的家庭，往往把餐桌当成了随手放置物品的地方，食品、工具、小家电、幼儿物品……将餐桌覆盖得杂乱无章。

酒柜/餐边柜的重要性显而易见，不仅要有，还要真正适合你的家。

编号：JG-001 风格：现代

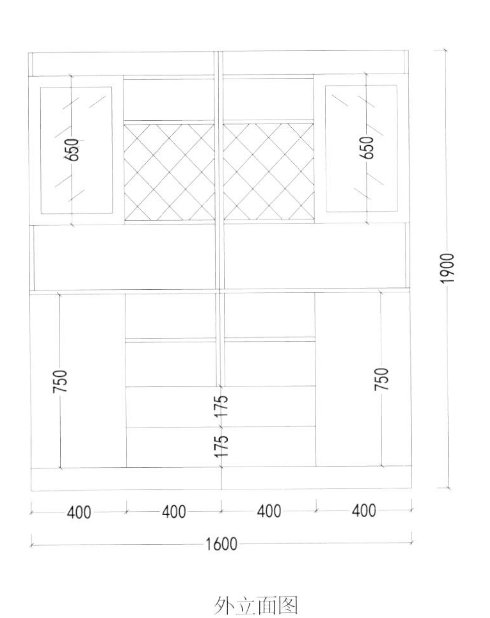

外立面图

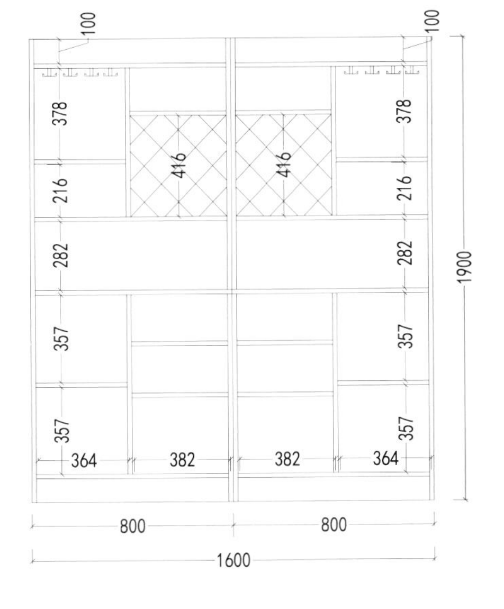

内立面图

编号：JG-002 风格：现代

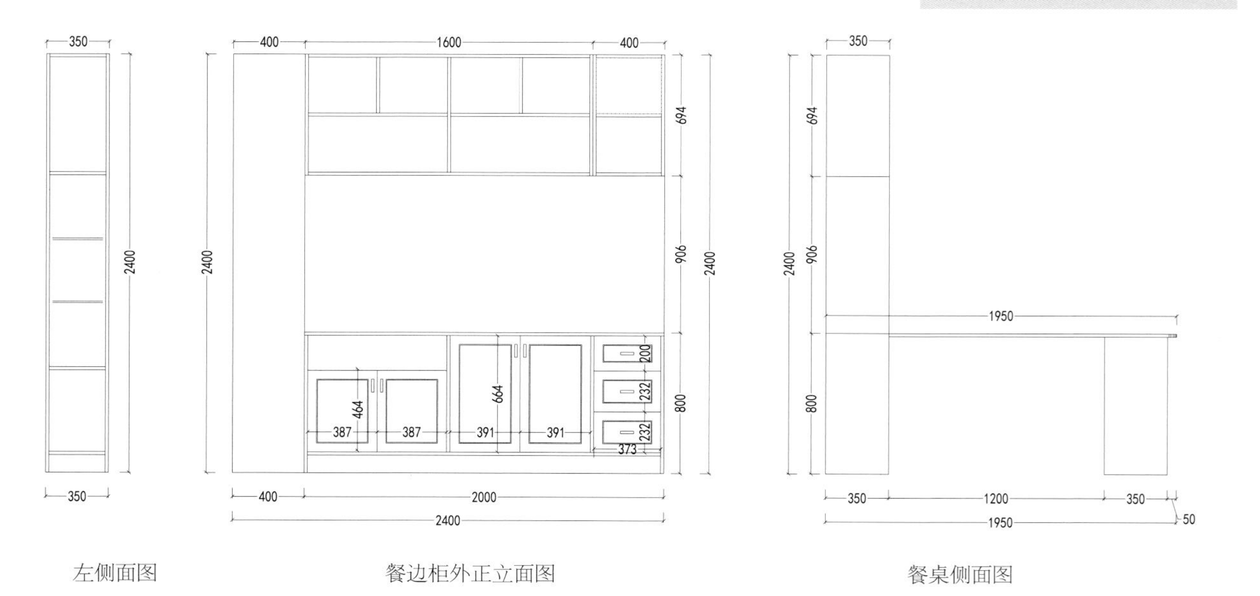

左侧面图　　餐边柜外正立面图　　餐桌侧面图

编号：JG-003 风格：现代

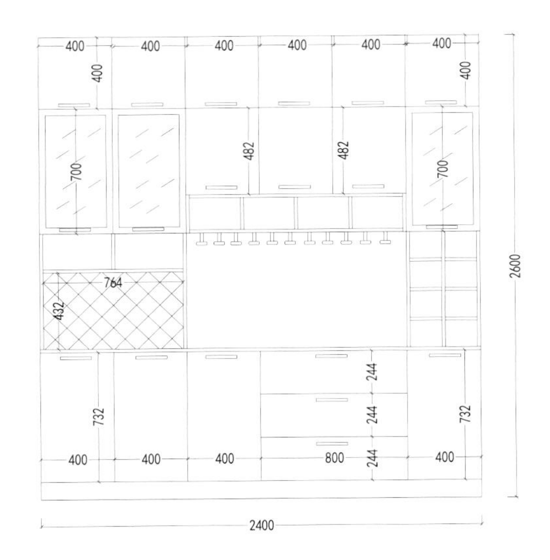

外立面图

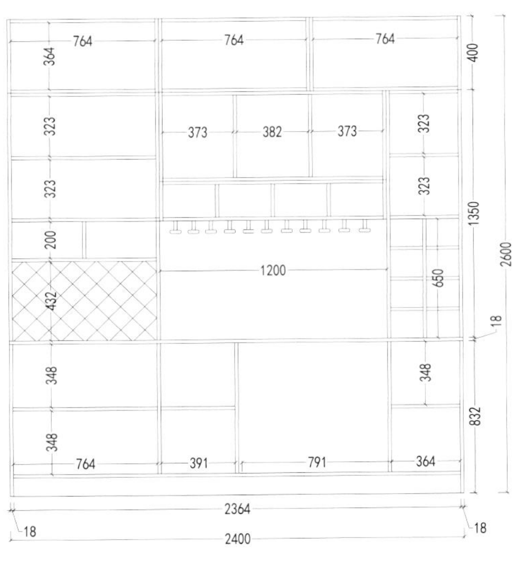

内立面图

编号：JG-004 风格：现代

右外立面图

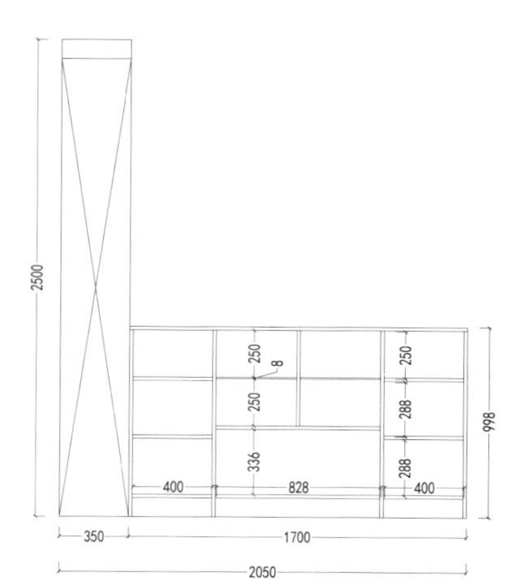

右内立面图

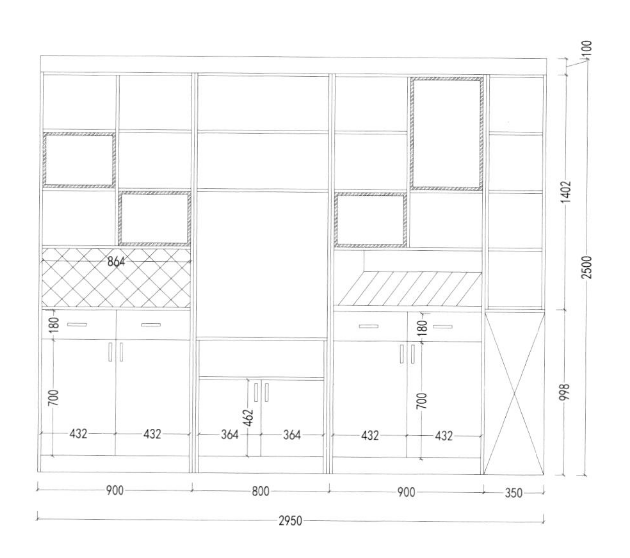

左外立面图

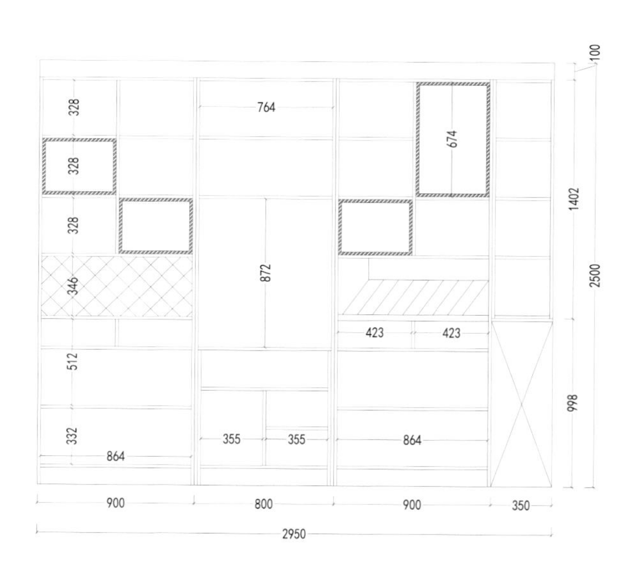

左内立面图

编号：JG-005 风格：简约

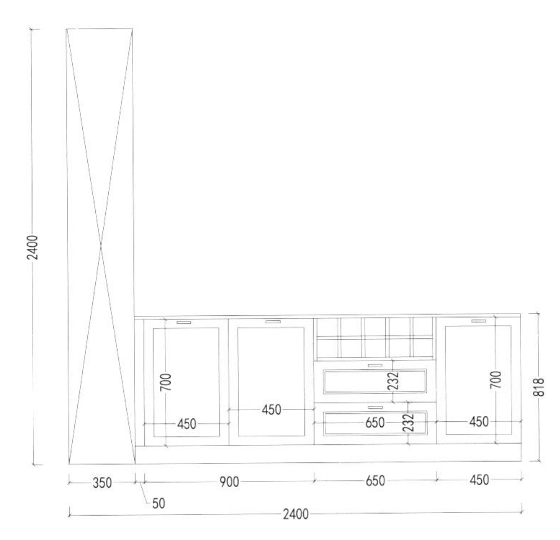

右外立面图

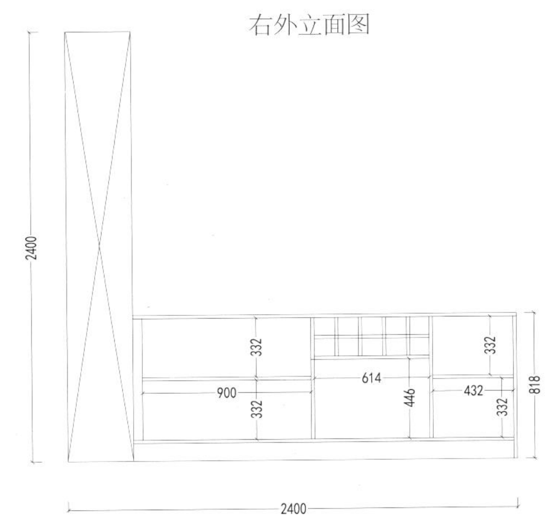

右内立面图

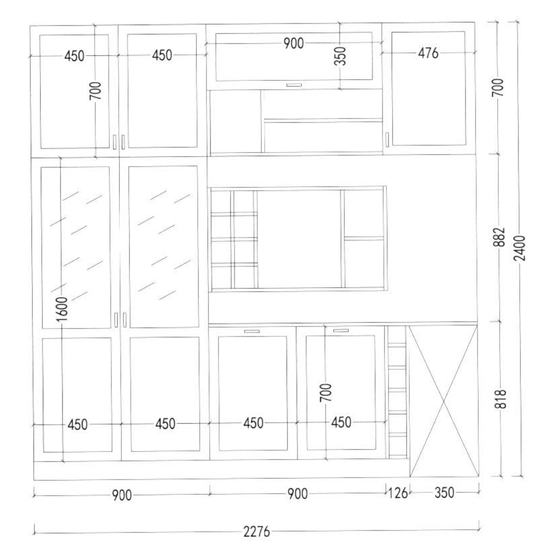

左外立面图

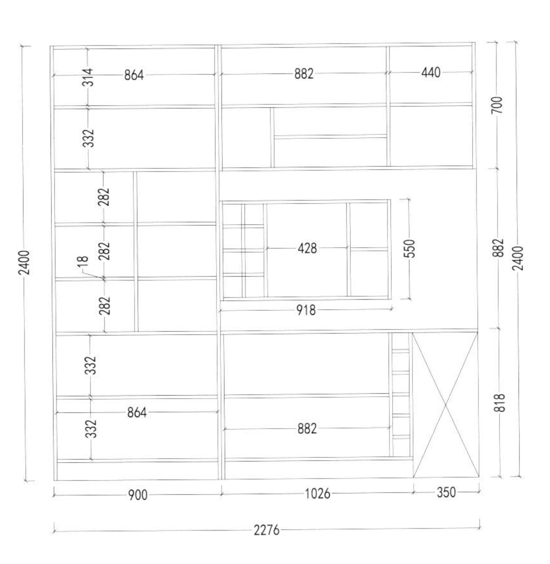

左内立面图

编号：JG-006 风格：简约

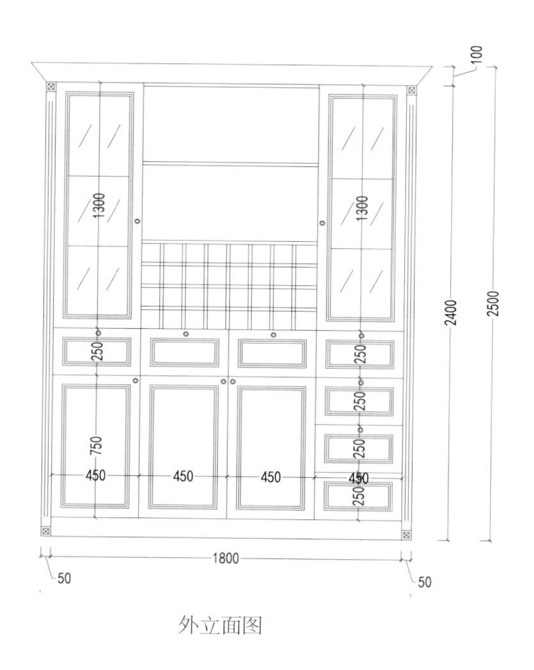

外立面图

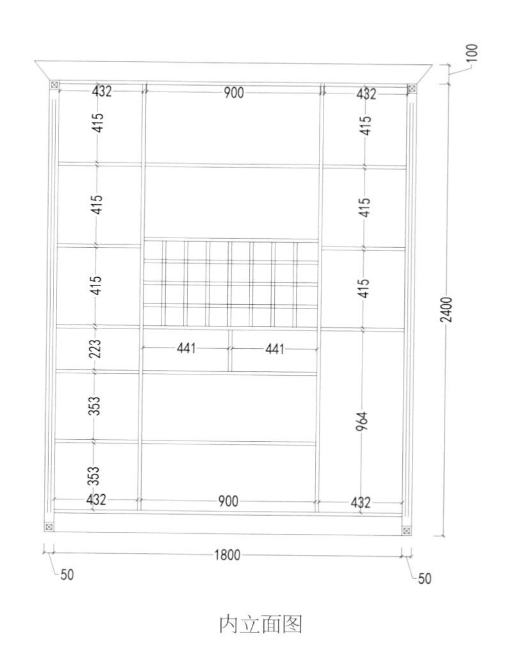

内立面图

编号：JG-007 风格：简约

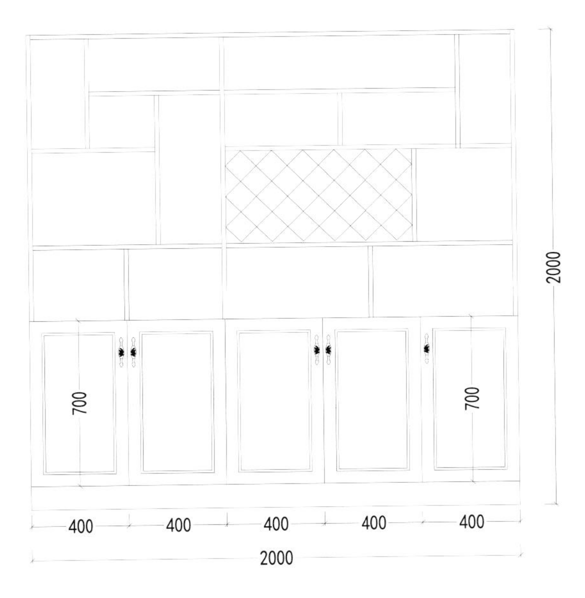

外立面图

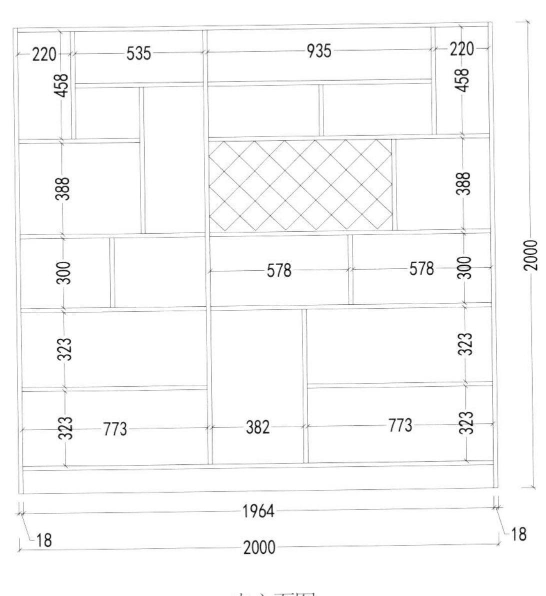

内立面图

编号：JG-008 风格：极简

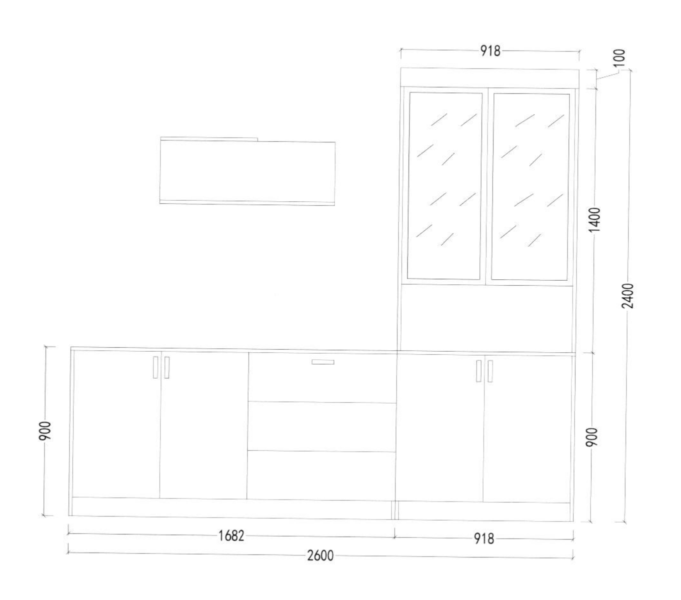

外立面图

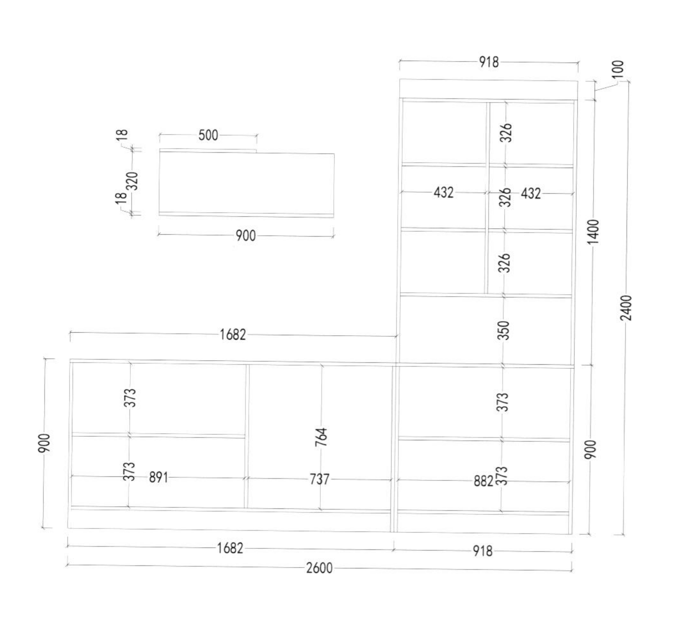

内立面图

编号：JG-009 风格：极简

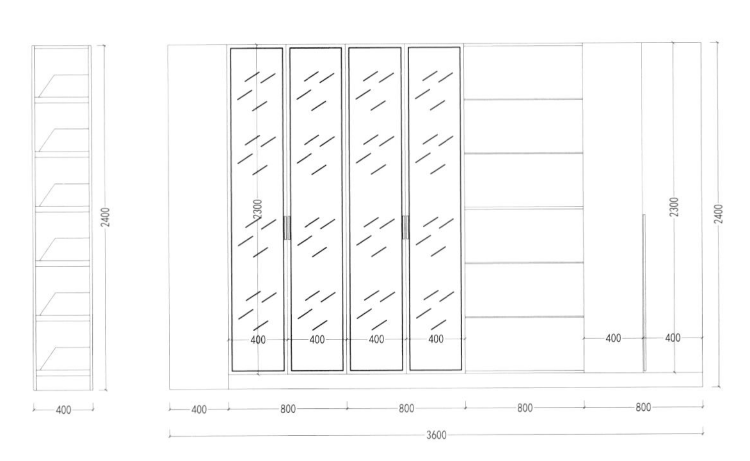

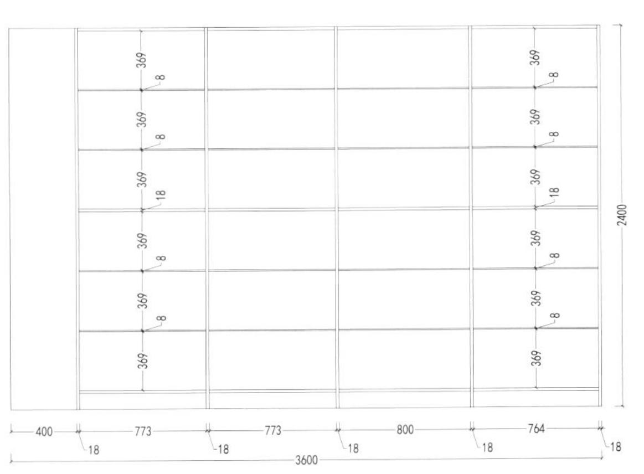

侧面图 外立面图 内立面图

编号：JG-010 风格：简欧

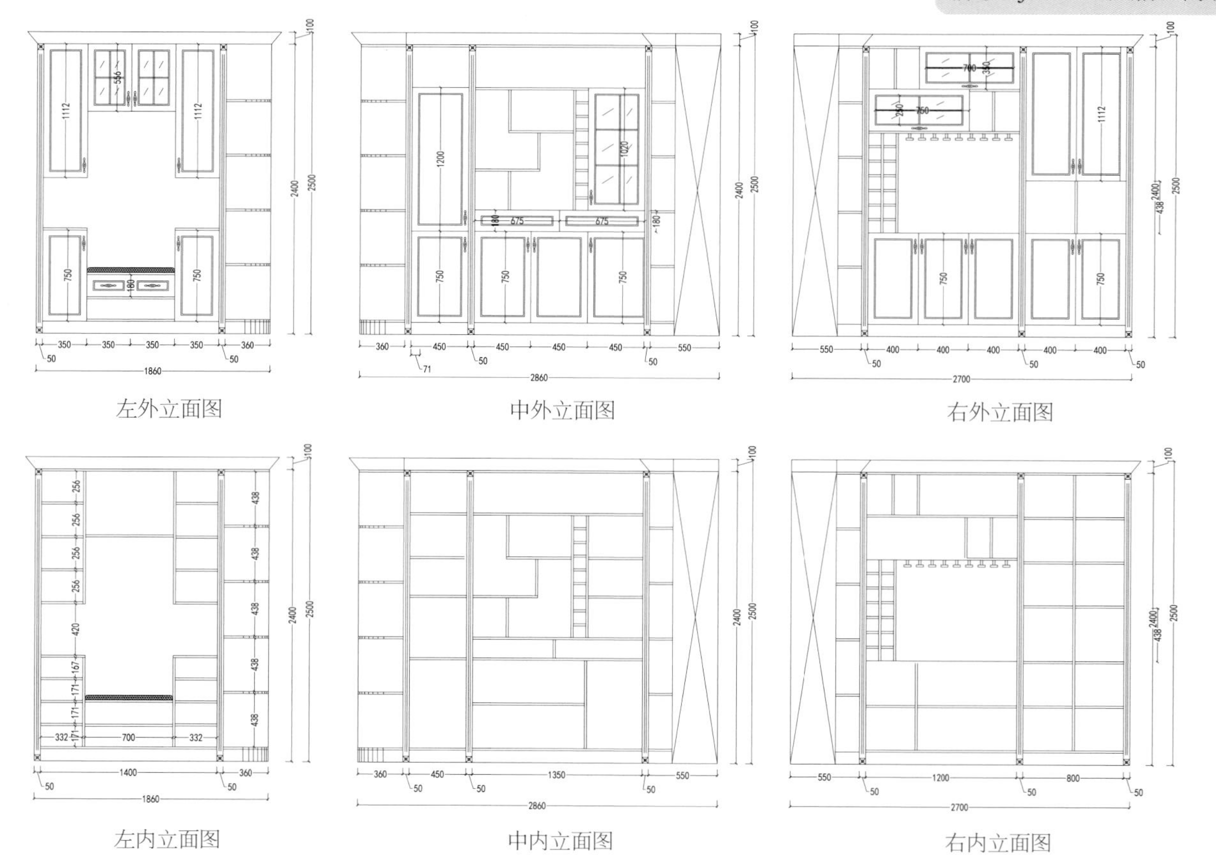

编号：JG-011 风格：简欧

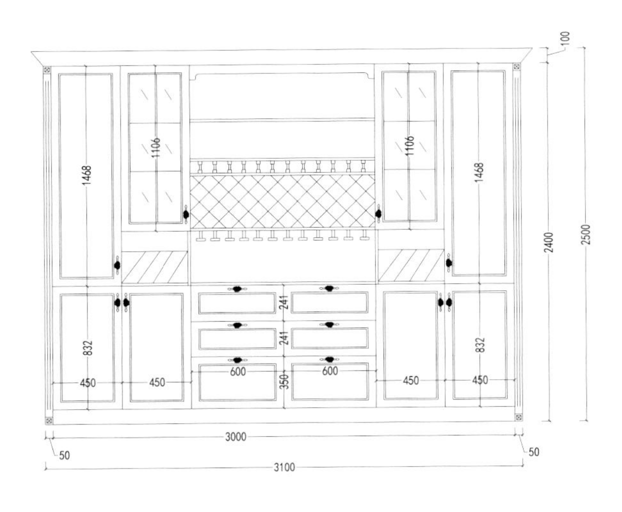

外立面图

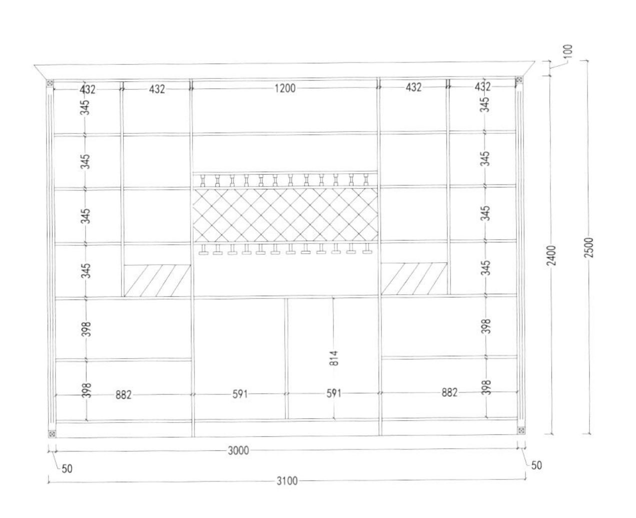

内立面图

编号：JG-012 风格：简欧

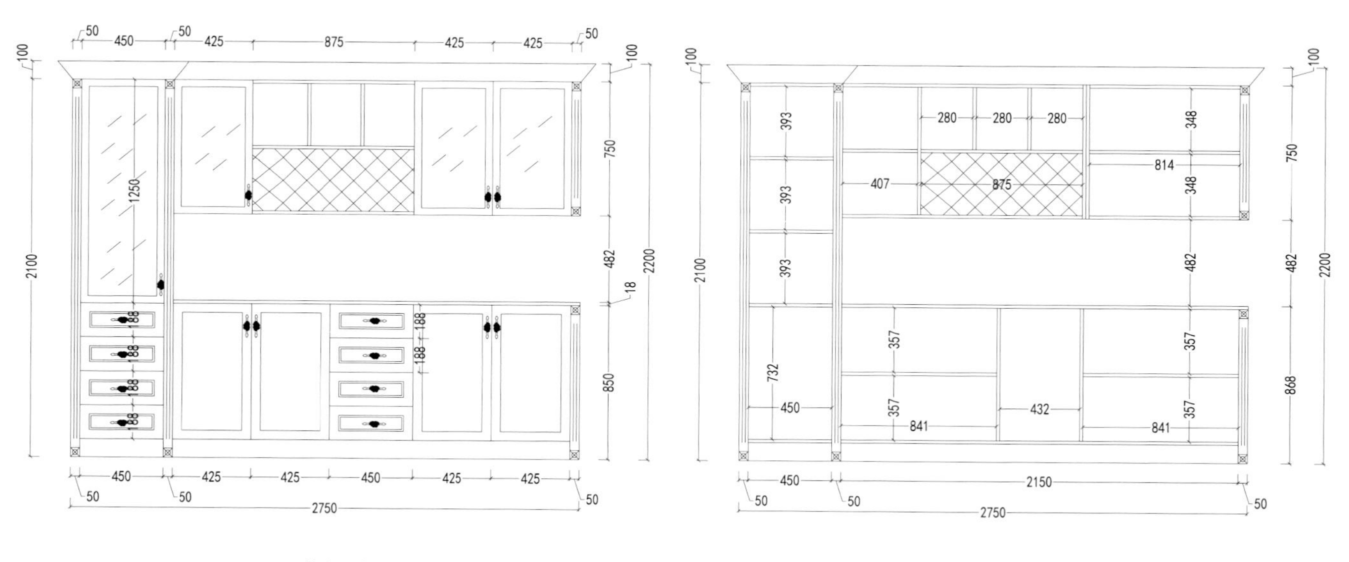

外立面图　　内立面图

编号：JG-013 风格：欧式

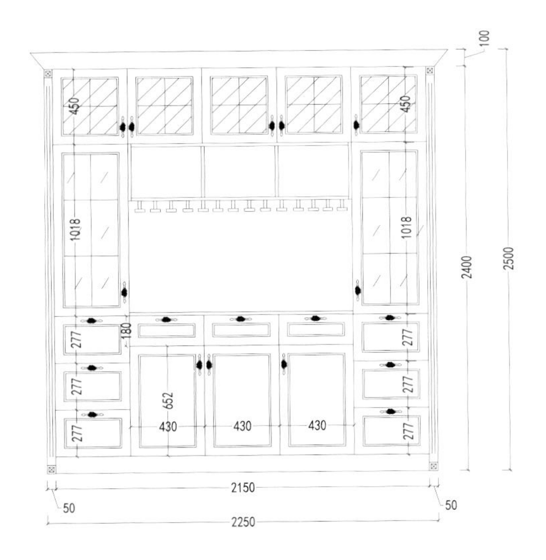

外立面图

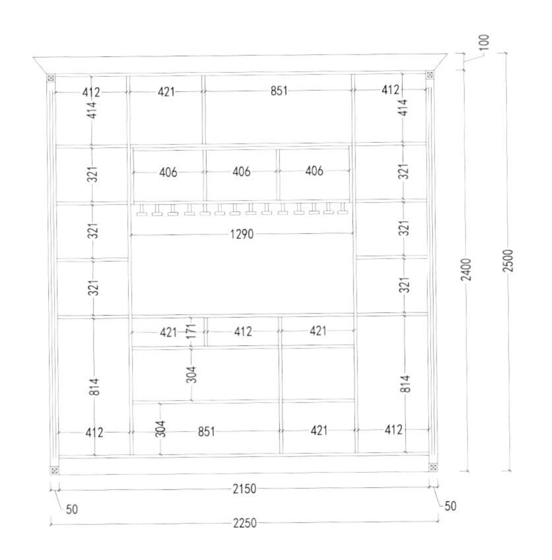

内立面图

编号：JG-014 风格：欧式

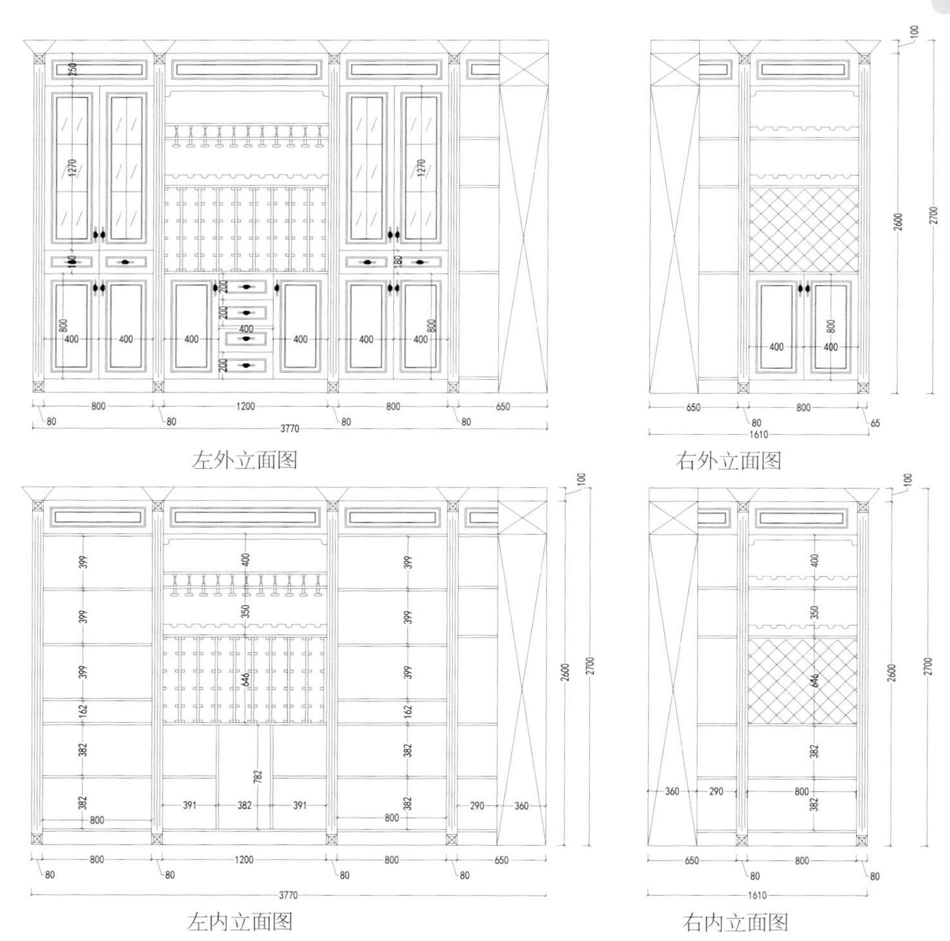

编号：JG-015 风格：欧式

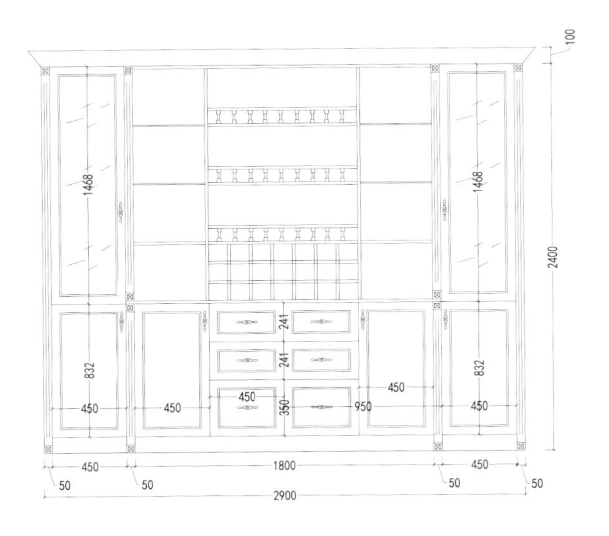

外立面图

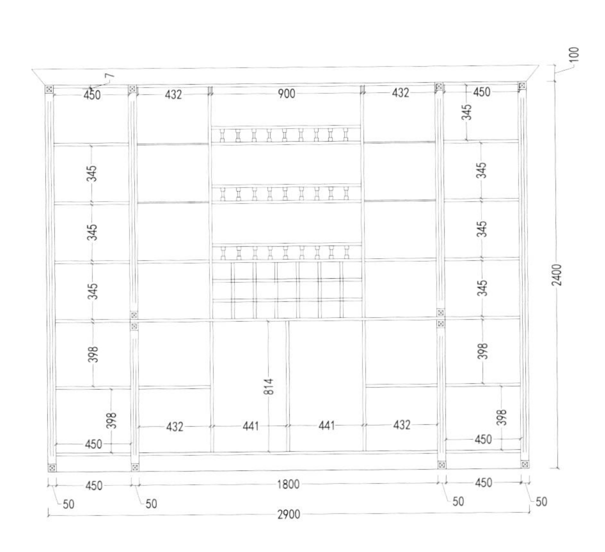

内立面图

编号：JG-016 风格：欧式

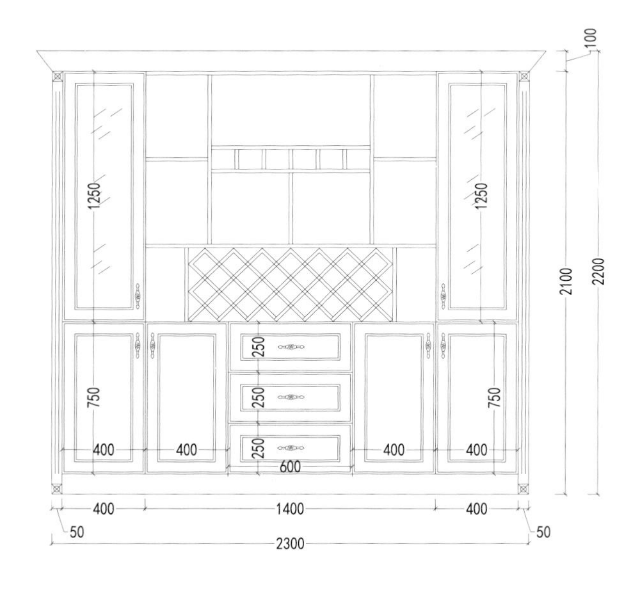

外立面图

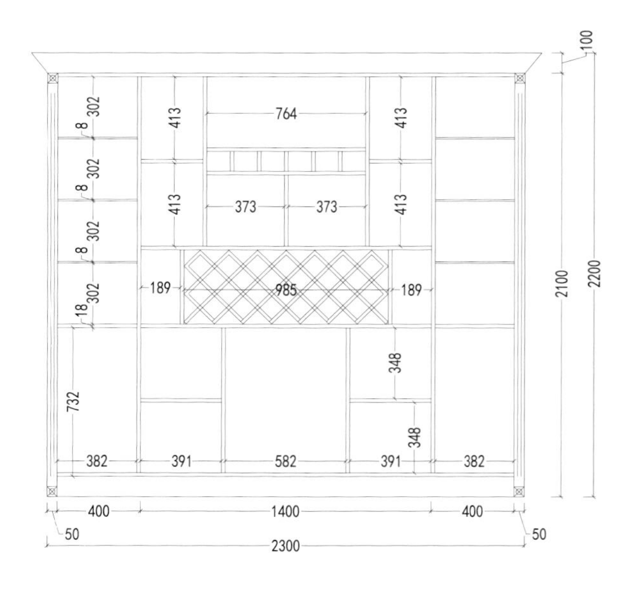

内立面图

编号：JG-017 风格：欧式

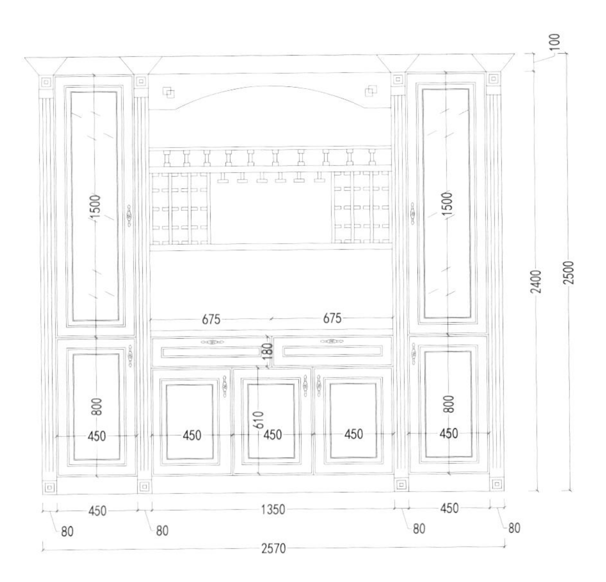

外立面图

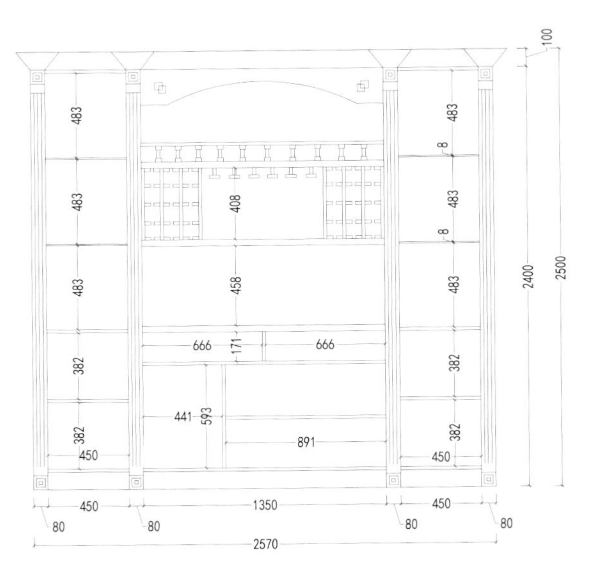

内立面图

编号：JG-018 风格：欧式

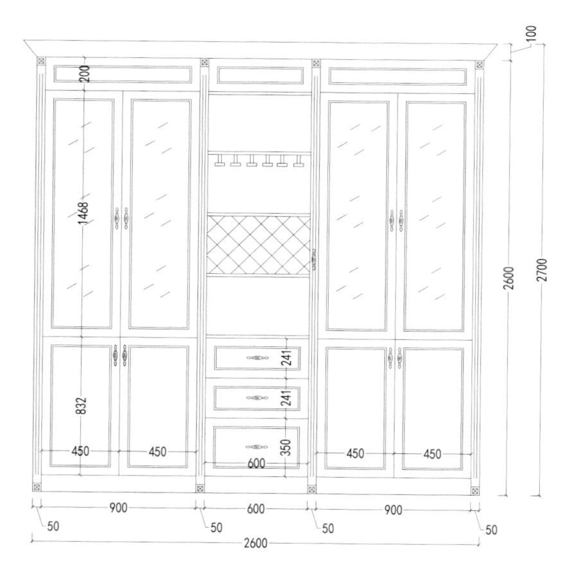

外立面图

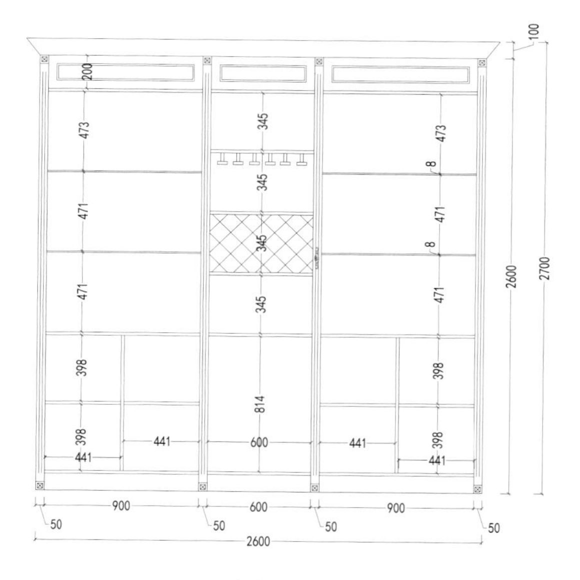

内立面图

编号：JG-019 风格：欧式

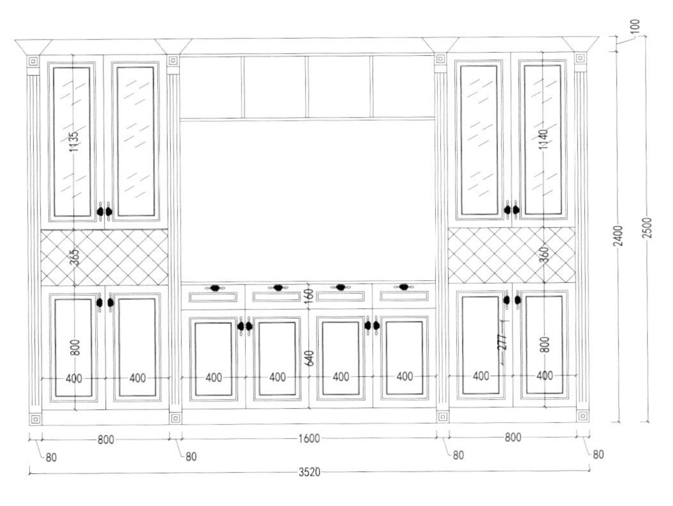

外立面图

内立面图

编号：JG-020 风格：欧式

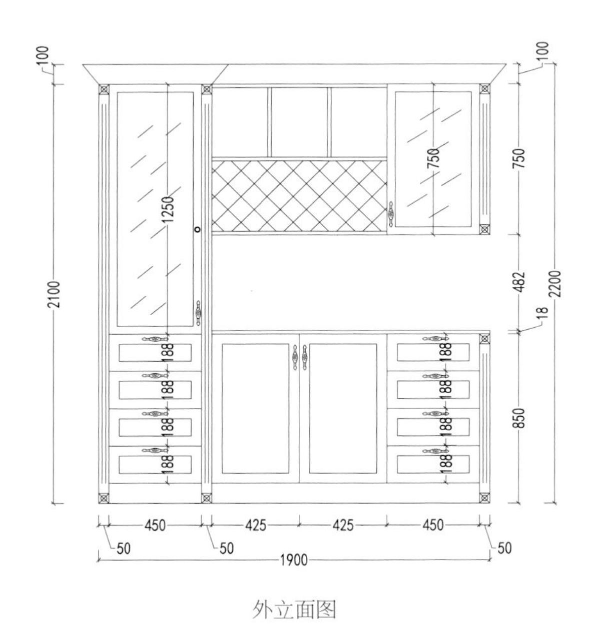

外立面图

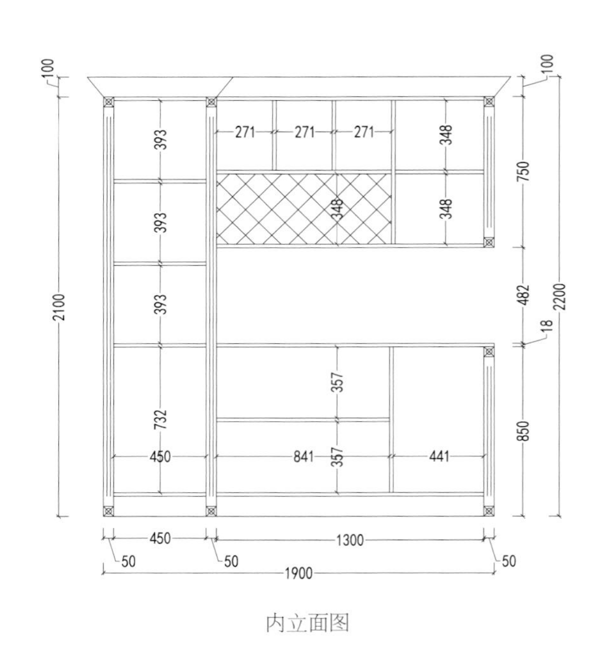

内立面图

编号：JG-021 风格：欧式

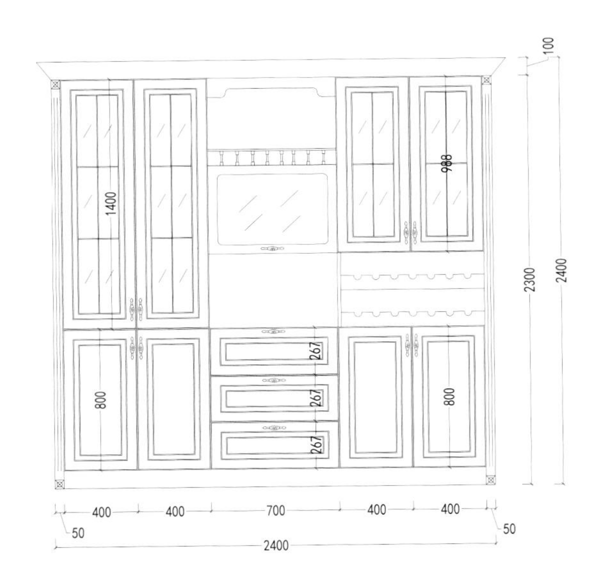

外立面图

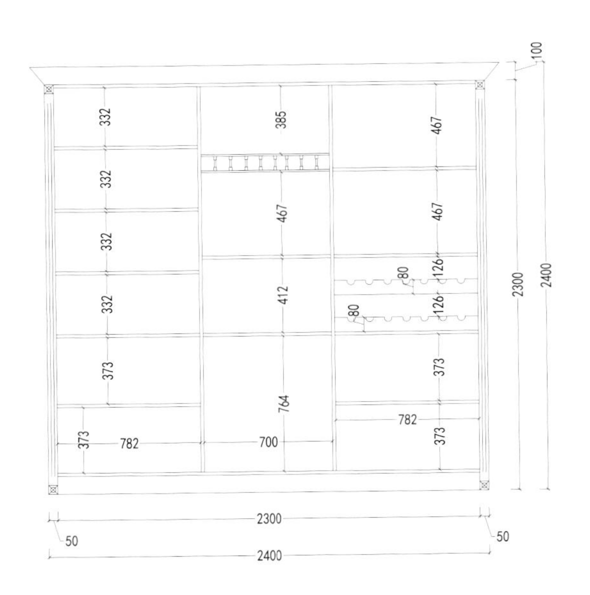

内立面图

编号：JG-022 风格：北欧

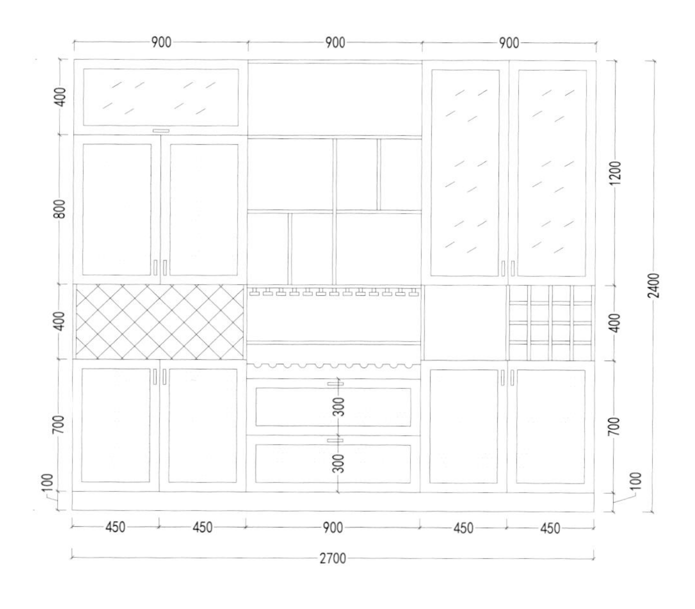

外立面图

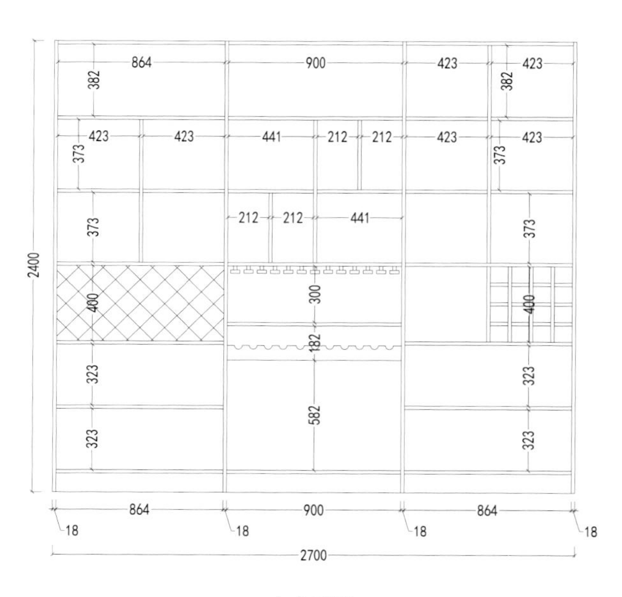

内立面图

编号：JG-023 风格：北欧

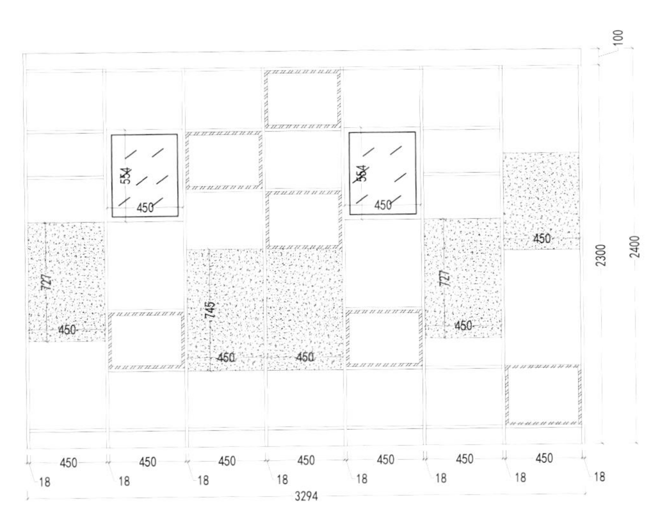

外立面图

内立面图

编号：JG-024 风格：新中式

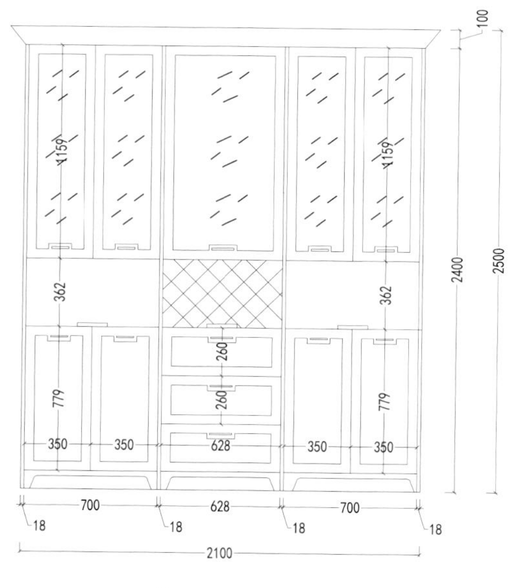

外立面图

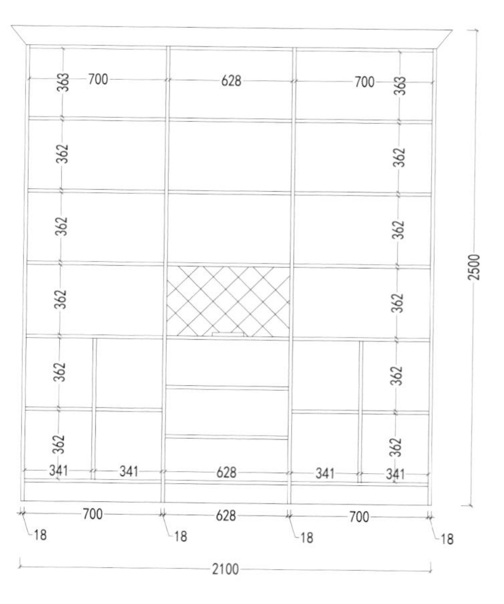

内立面图

编号：JG–025 风格：新中式

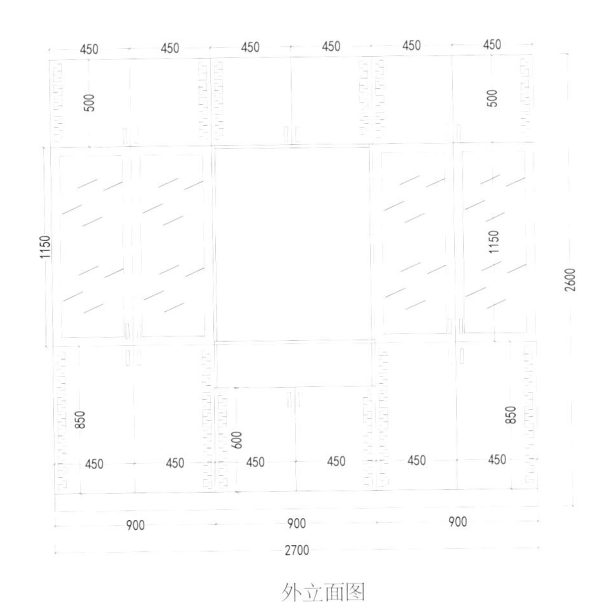

外立面图

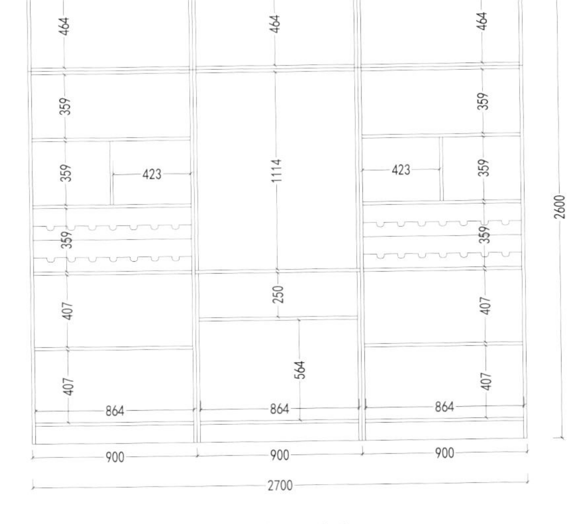

内立面图

编号：JG-026 风格：轻奢

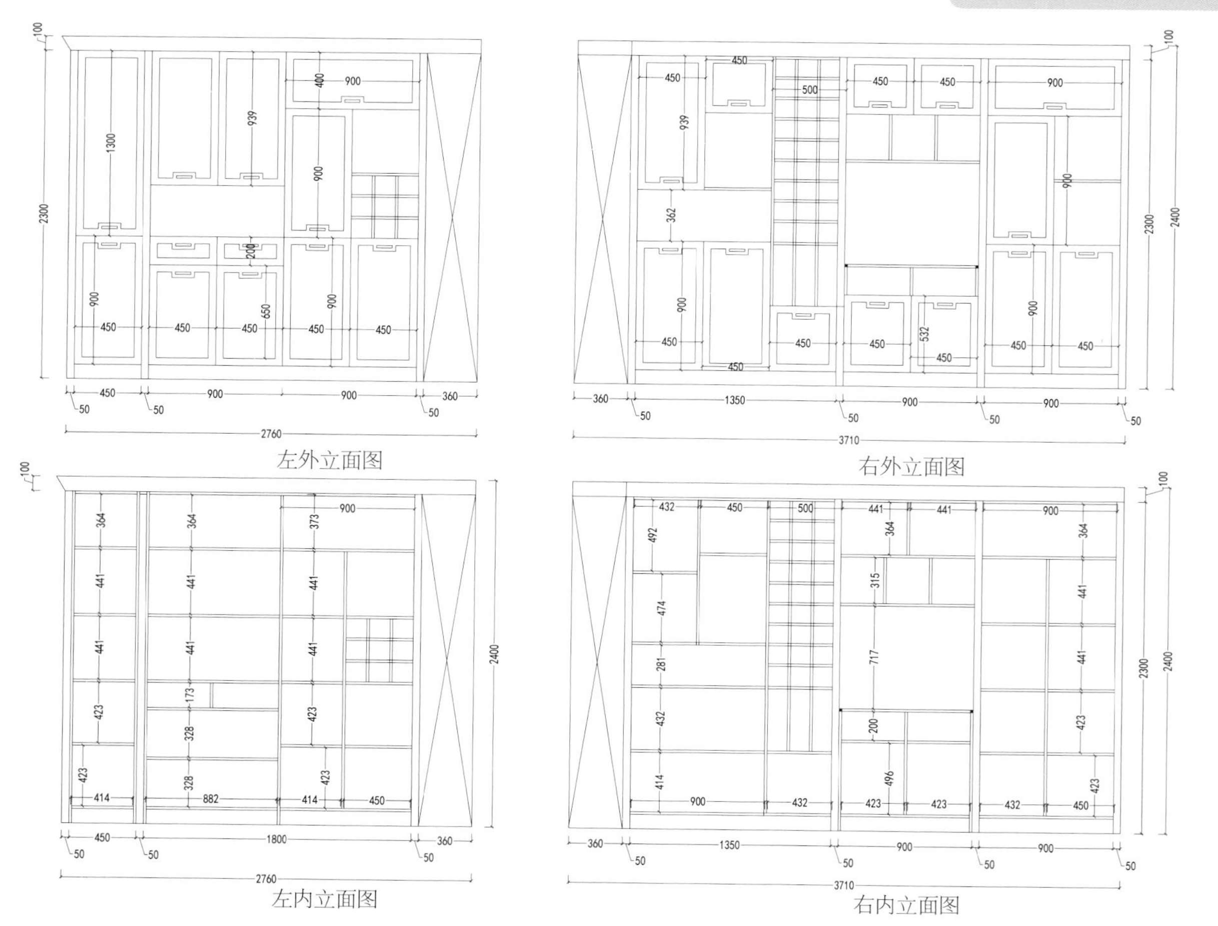

左外立面图

右外立面图

左内立面图

右内立面图

编号：JG-027 风格：轻奢

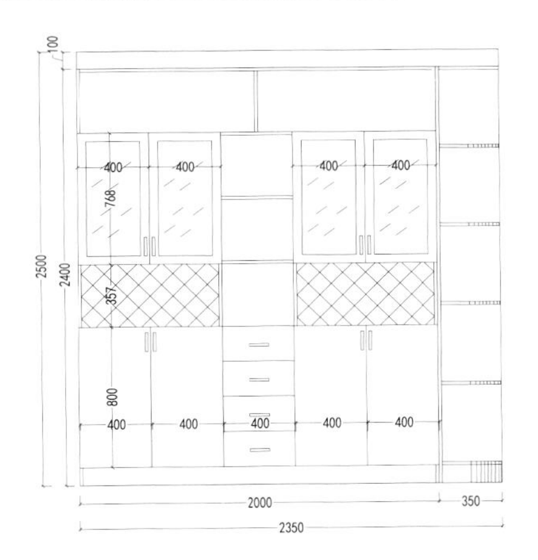

左外立面图

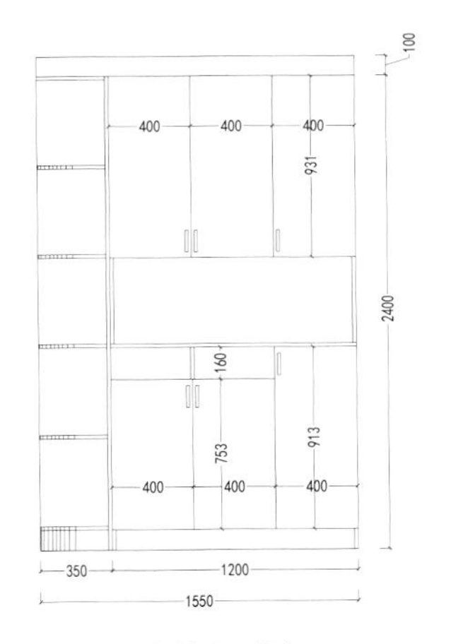

右外立面图

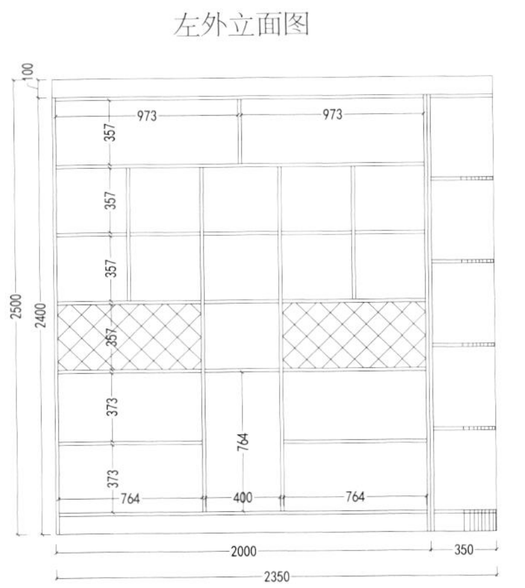

左内立面图

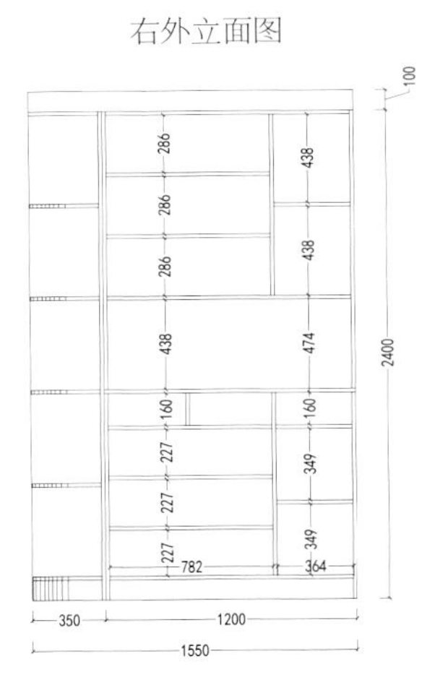

右内立面图

编号：JG-028 风格：轻奢

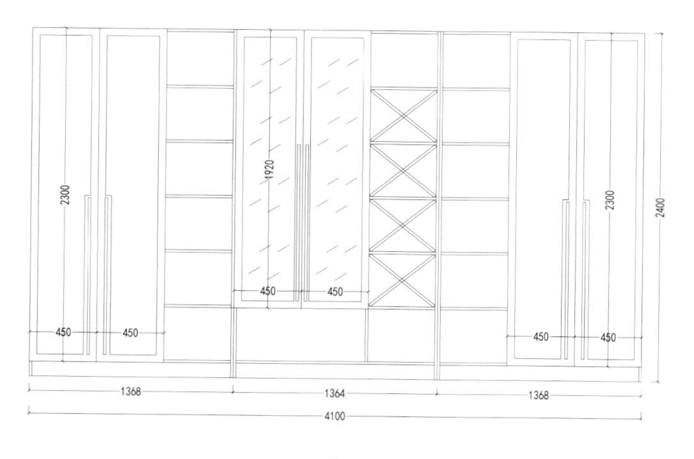

外立面图

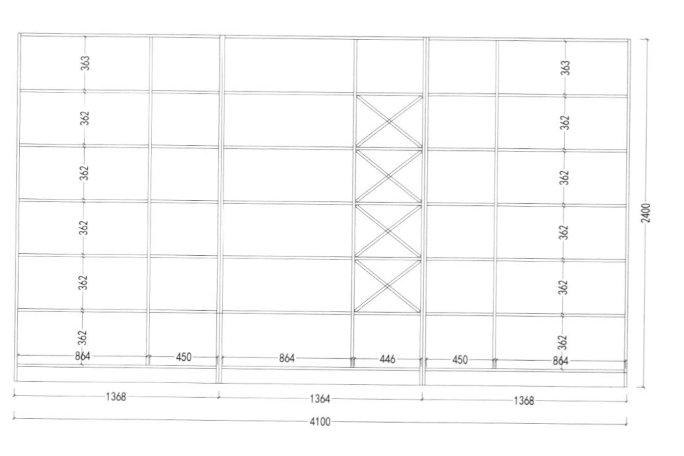

内立面图

编号：JG-029 风格：轻奢

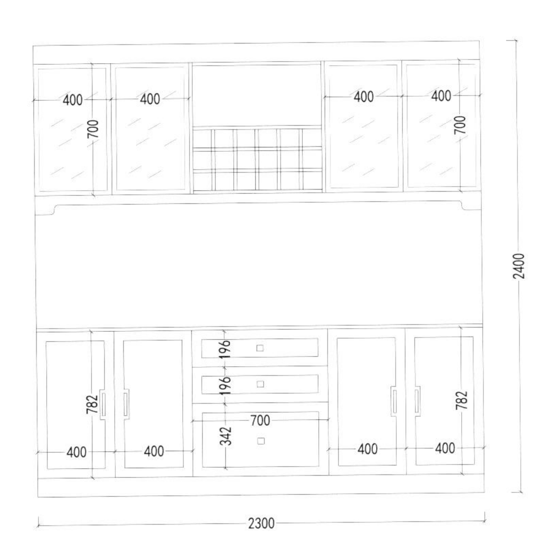

外立面图

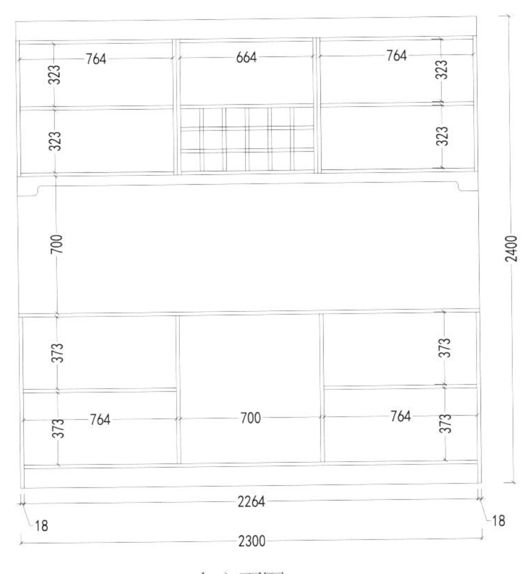

内立面图

编号：JG-030 风格：意式

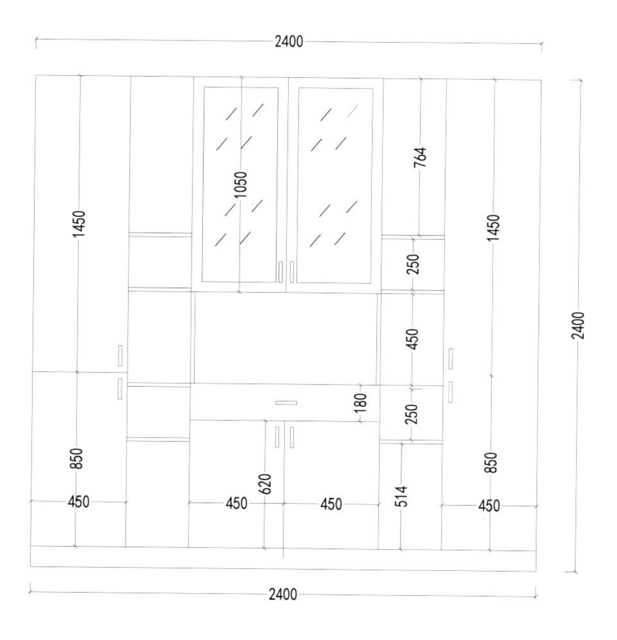

外立面图

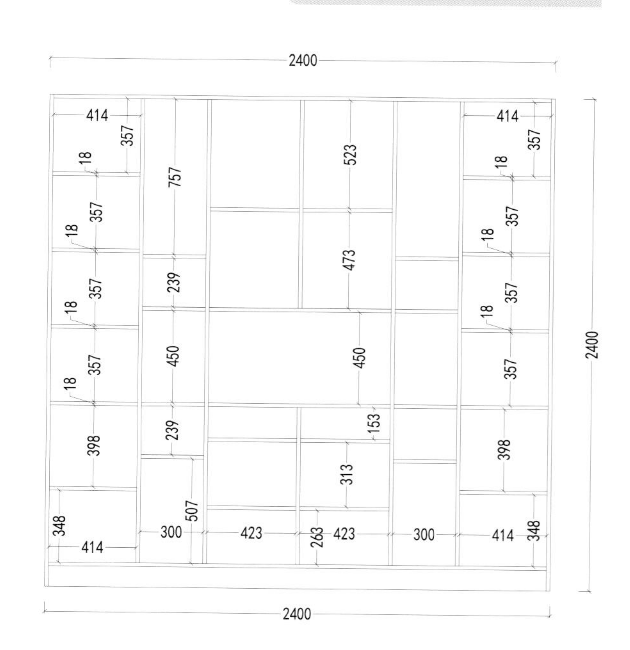

内立面图

编号：JG-031 风格：工业风

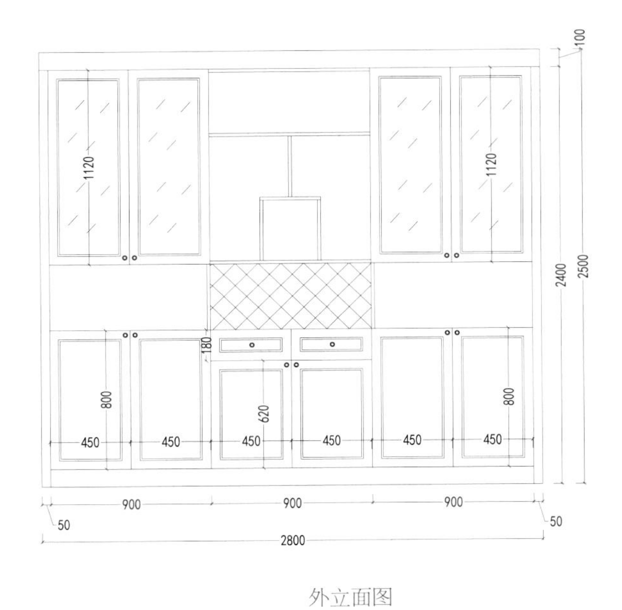

外立面图

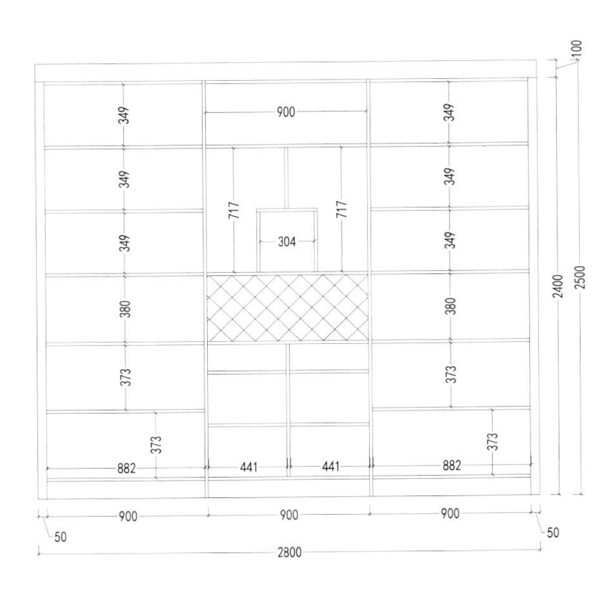

内立面图

第四章 书柜

放慢步调，从书房开始取悦自己
太多才华，需要一个书房，才能放得下！

“书中自有黄金屋，书中自有颜如玉”可见古人对阅读的情有独钟。其实，对任何人而言，阅读都能让人心静、忘却疲惫。

阅读是一种习惯，思考是一种享受。有书房当然好，没有书房也无碍，也许只是一个休闲的小角落、一杯咖啡、一本书、一片温暖的阳光，便足以让你享受一段休闲的时光。

编号：SG-001 风格：北欧

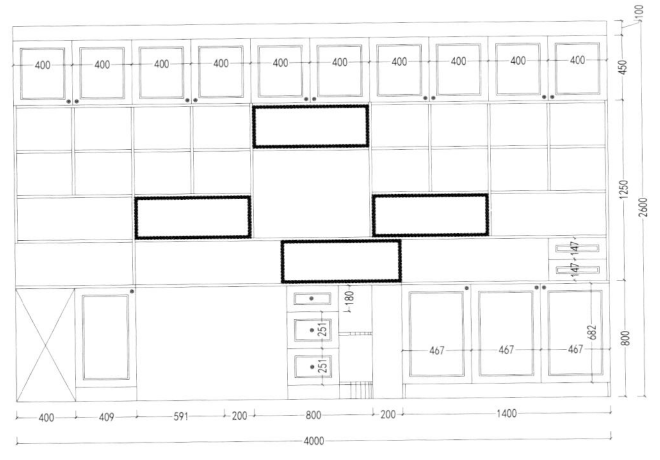

外立面图 内立面图

编号：SG-002 风格：北欧

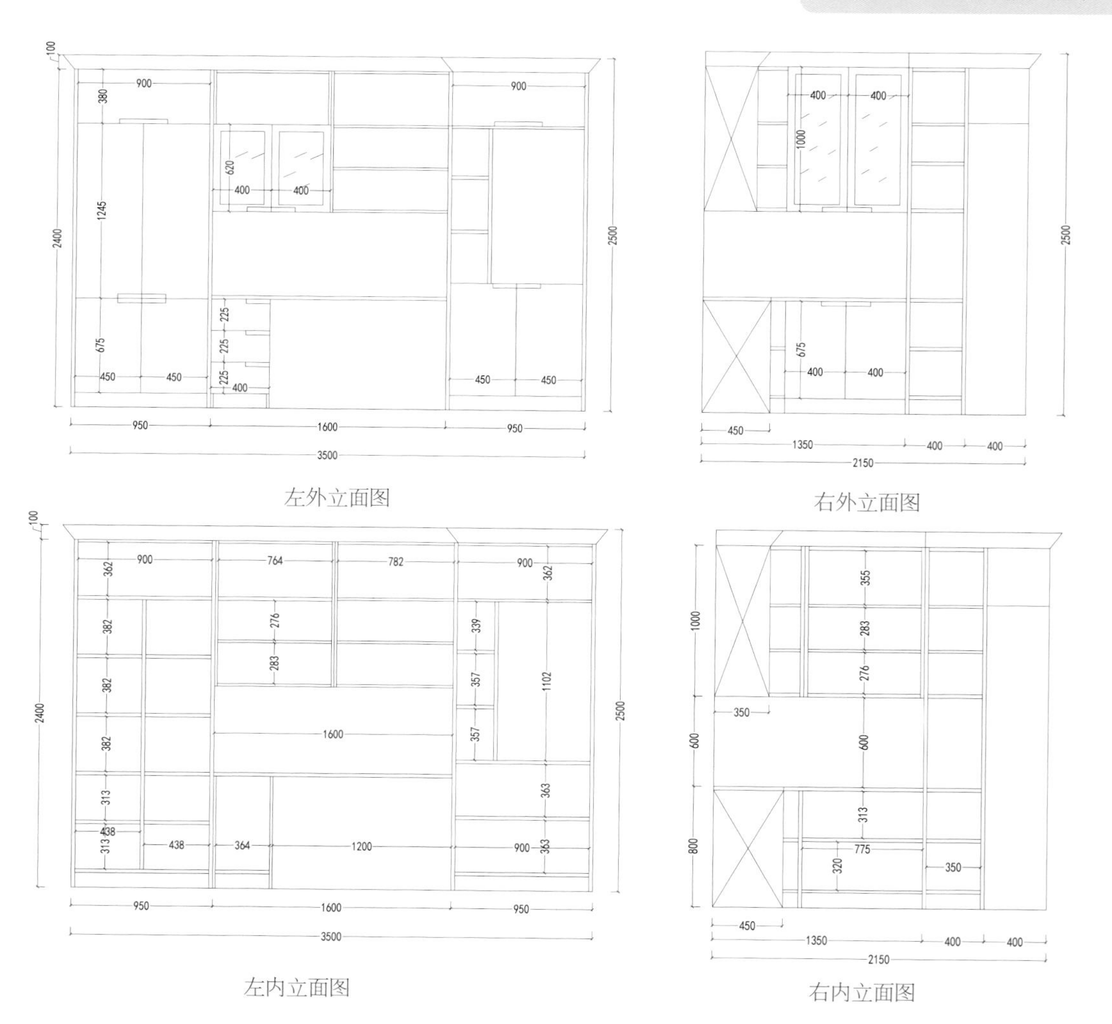

编号：SG-003 风格：北欧

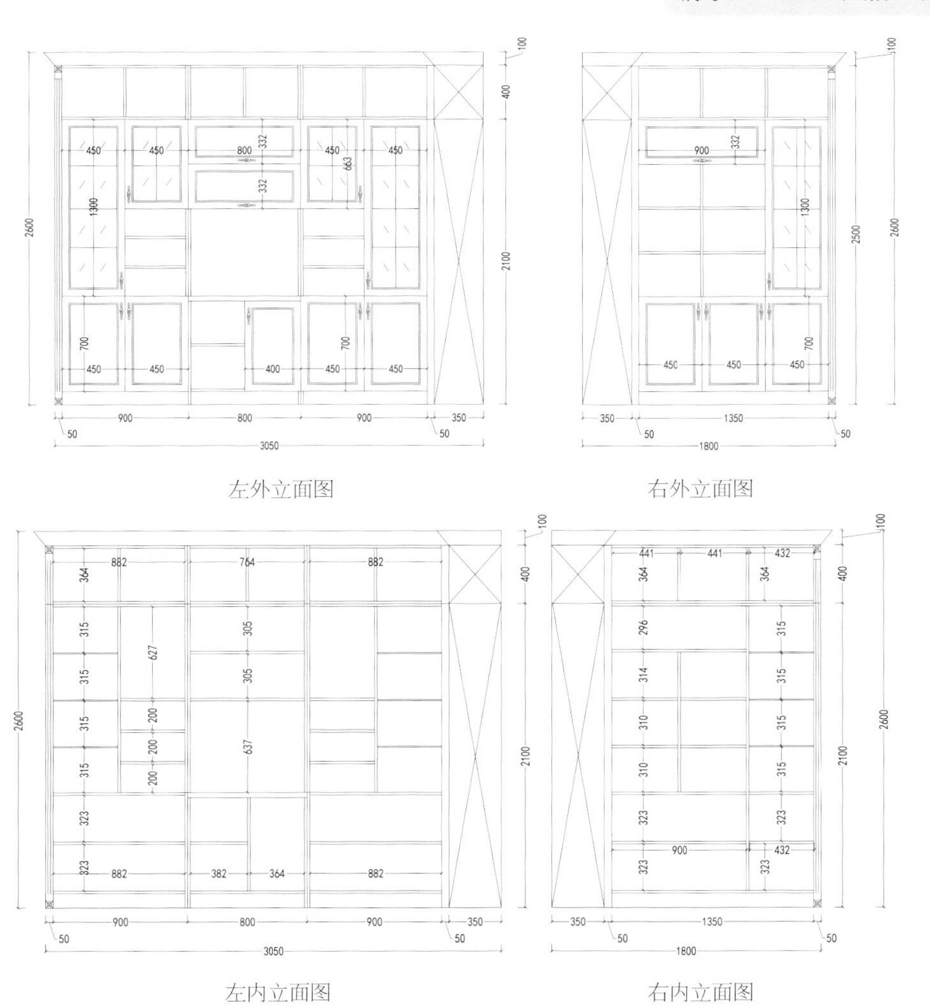

左外立面图

右外立面图

左内立面图

右内立面图

编号：SG-004 风格：北欧

外立面图

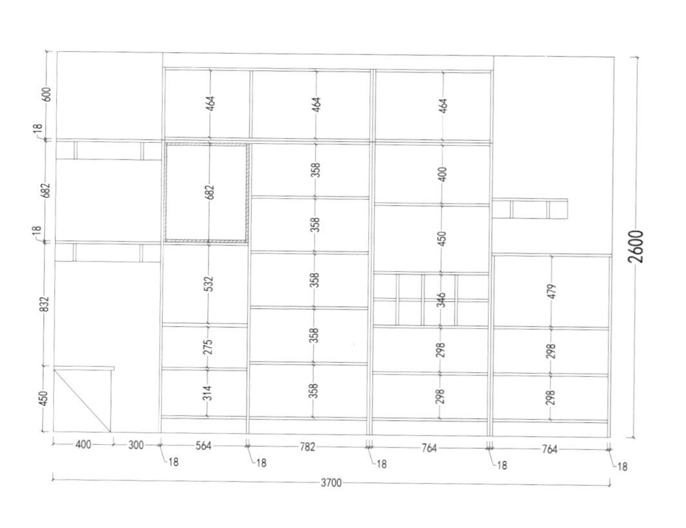

内立面图

编号：SG-005 风格：北欧

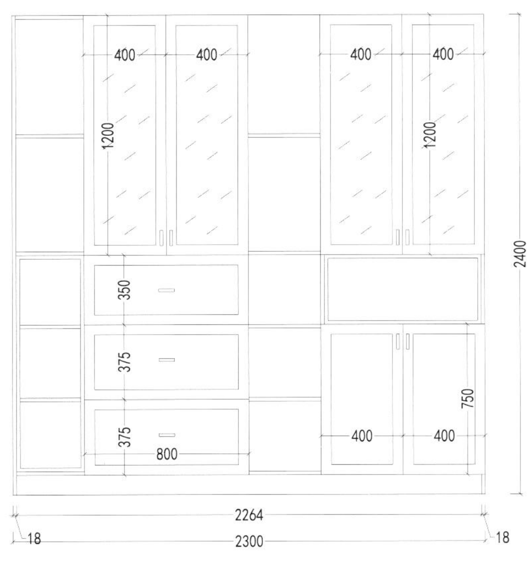

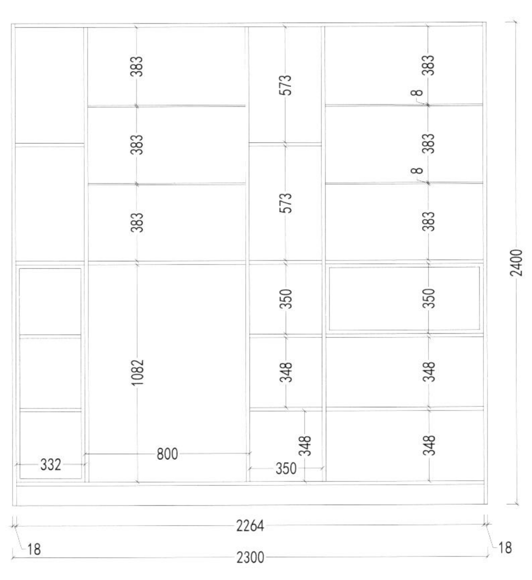

外立面图　　内立面图

编号：SG-006 风格：新中式

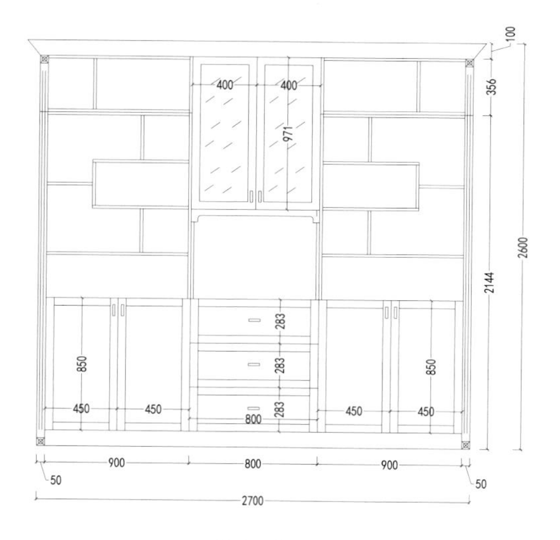

外立面图

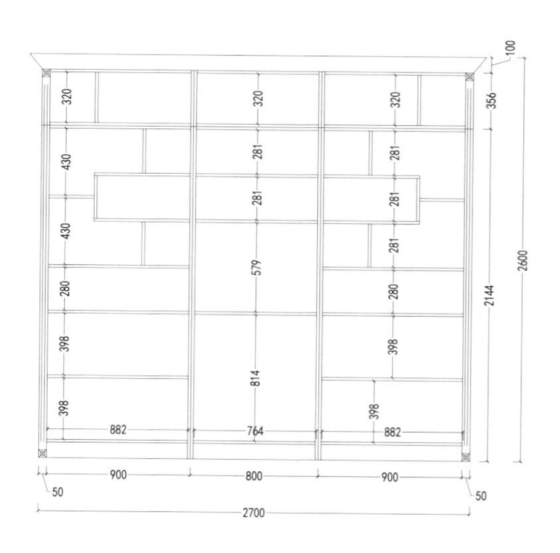

内立面图

编号：SG-007 风格：新中式

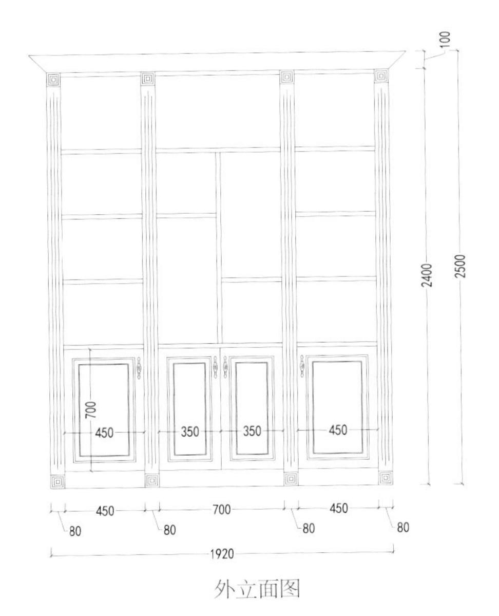

外立面图

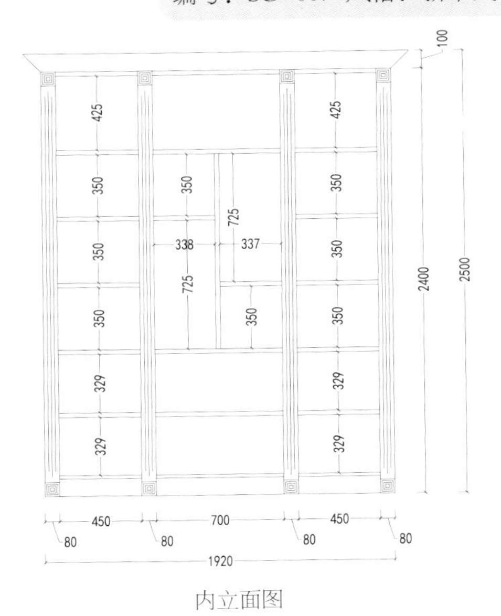

内立面图

编号：SG-008 风格：轻奢

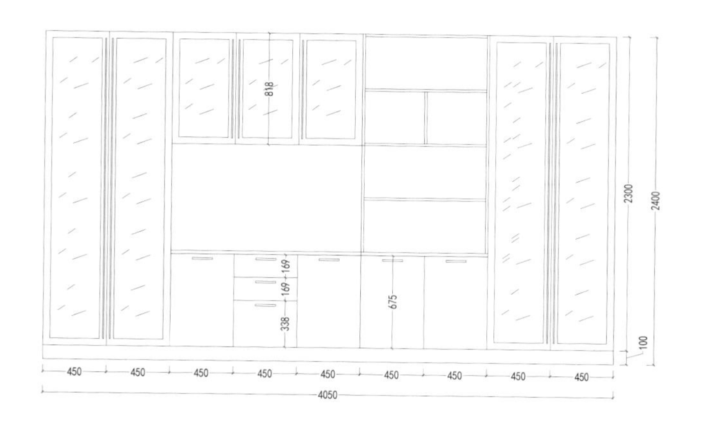

外立面图

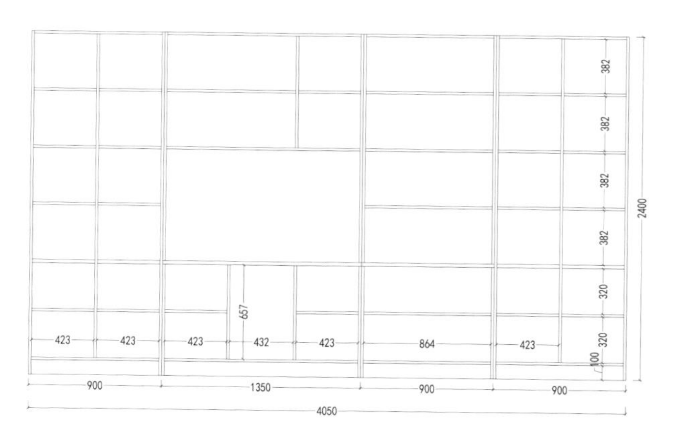

内立面图

编号：SG-009 风格：轻奢

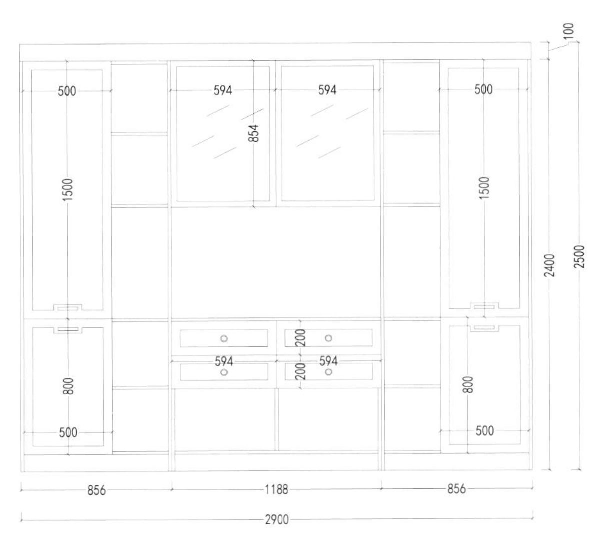

外立面图

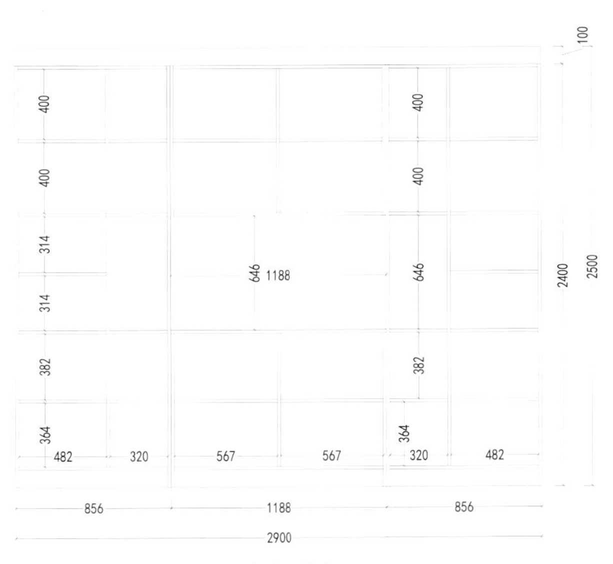

内立面图

第五章 榻榻米及其组合柜

一个房间多种功能
打造强收纳功能榻榻米

面积较小的空间非常适合做榻榻米，它既能当客卧，又是儿童乐园，还可以是书房、茶室。

集颜值与实用于一体的榻榻米，你家真的不需要吗？

房屋空间有限的家庭，次卧要兼备休息、待客、储物、临时办公的功能，设计一个可坐、可卧、可娱乐的榻榻米最合适不过了。对于中国家庭来说，榻榻米应该怎样设计才合理呢？ 榻榻米怎样可以做到物尽其用呢？ 你要找到适合自己的家的榻榻米……

你是否也有这些烦恼？房子空间有限，总是觉得不够用！客人留宿，房间不够，凑合睡沙发显得尴尬！没有书房，只能勉强在茶几伏案工作！天天收拾房间依旧乱糟糟，收纳空间不足是硬伤！孩子玩耍束手束脚，不能尽兴……

巧妙定制，1 房可 5 用，打造多功能的家！

编号：TTM-001 风格：现代

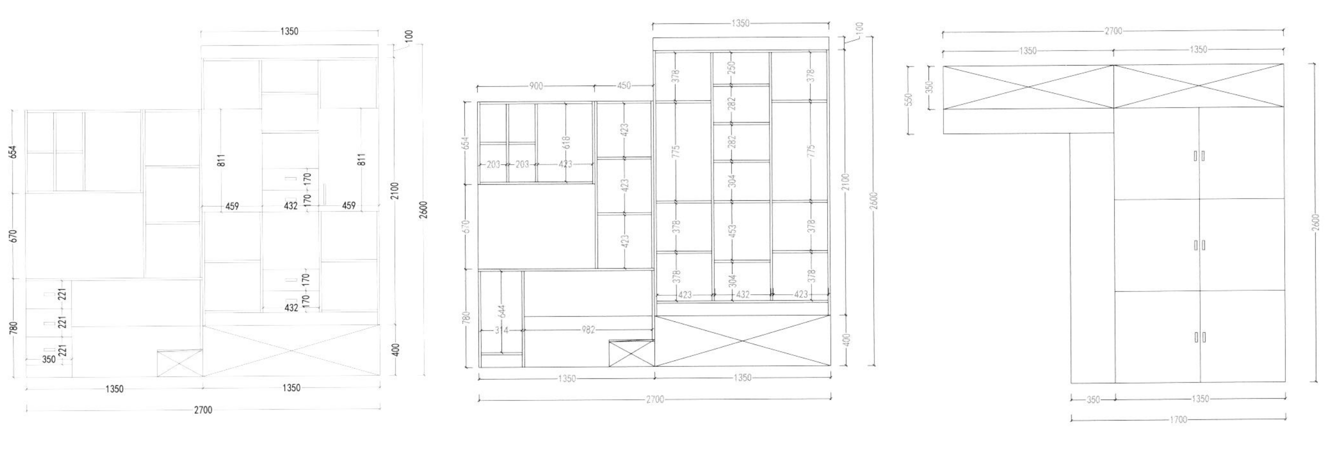

书桌、书柜外立面图　　书桌、书柜内立面图　　组合俯视图

编号：TTM-002 风格：现代

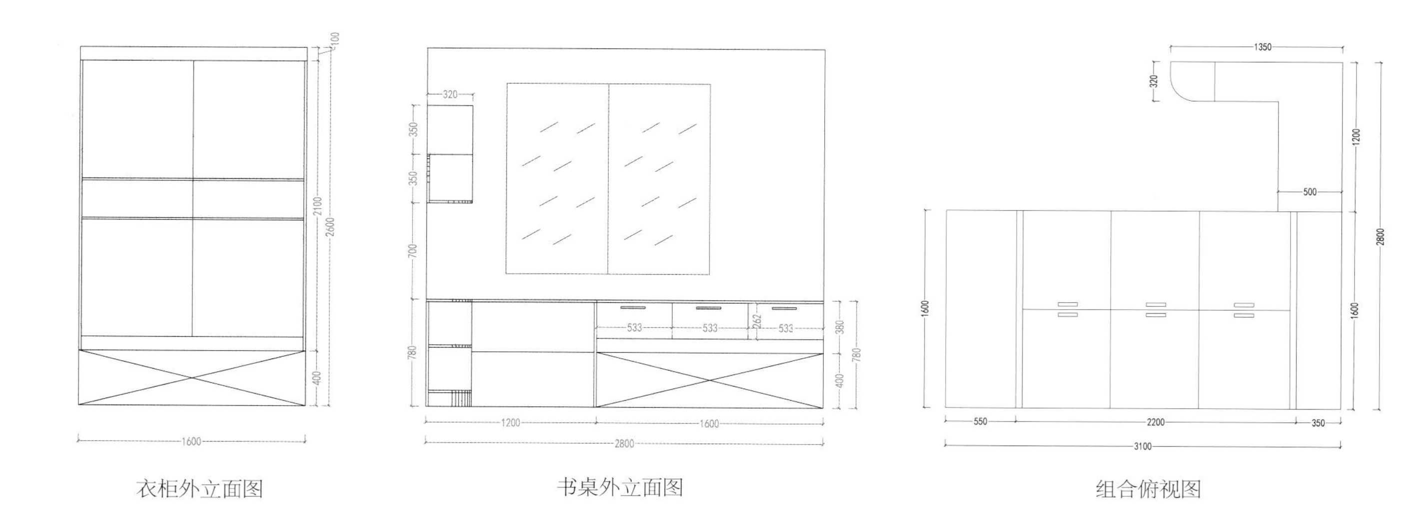

衣柜外立面图　　书桌外立面图　　组合俯视图

编号：TTM-003 风格：现代

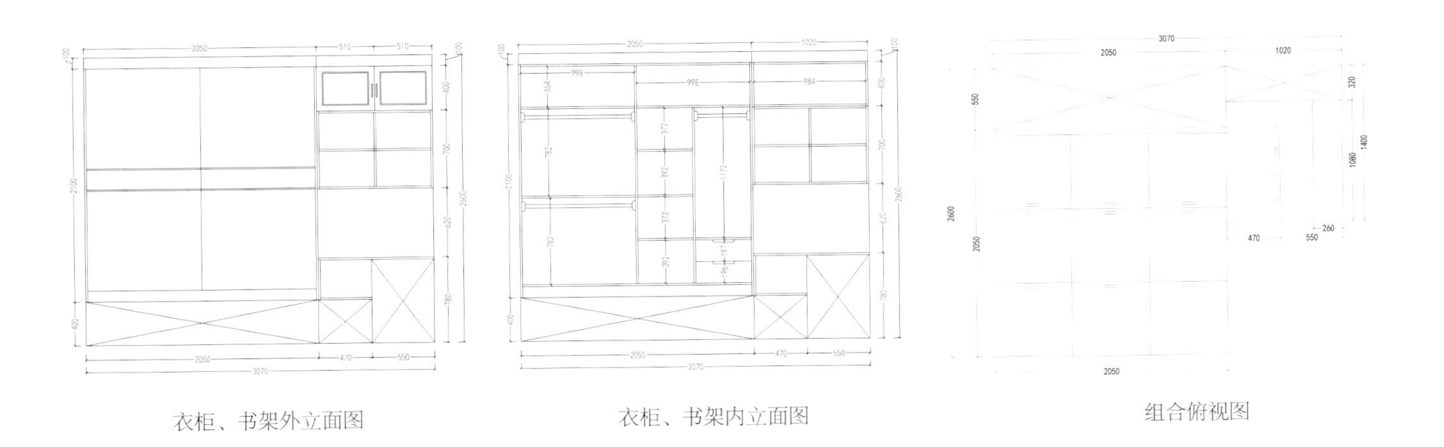

衣柜、书架外立面图 衣柜、书架内立面图 组合俯视图

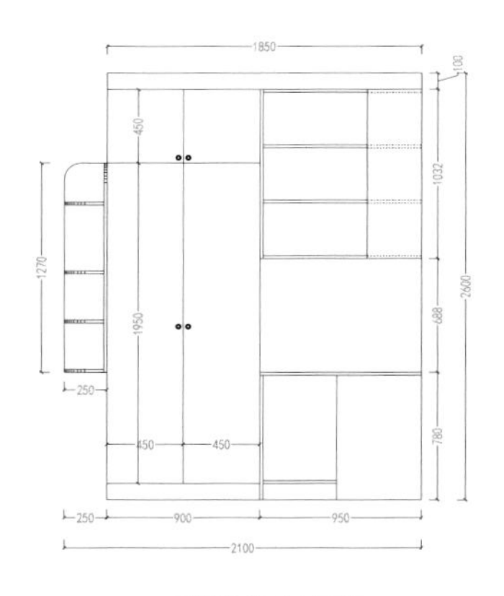

衣柜外立面图

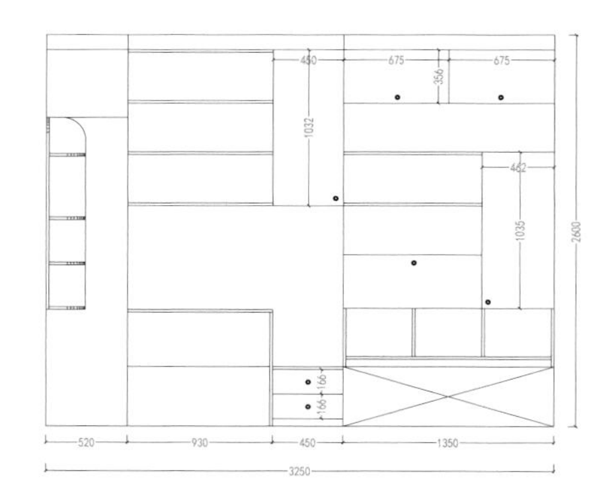

书桌、书架外立面图

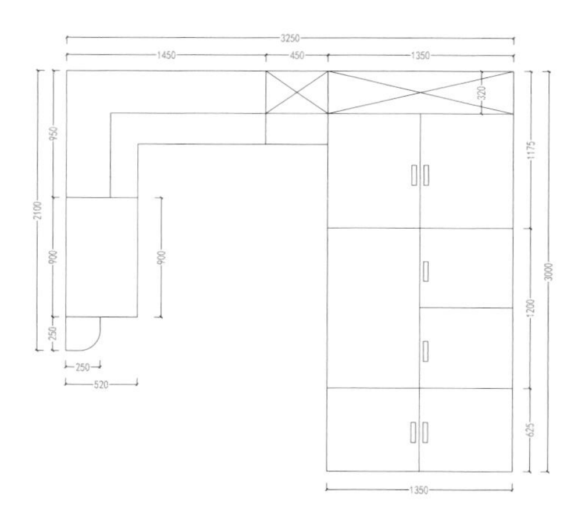

组合俯视图

编号：TTM-004 风格：现代

编号：TTM-005 风格：现代

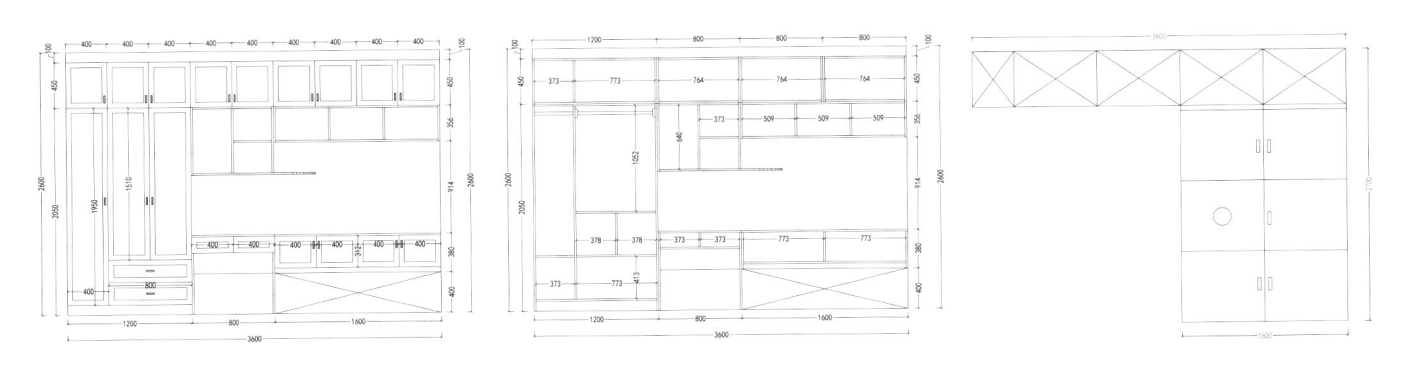

衣柜、书桌外立面图　　衣柜、书桌内立面图　　组合俯视图

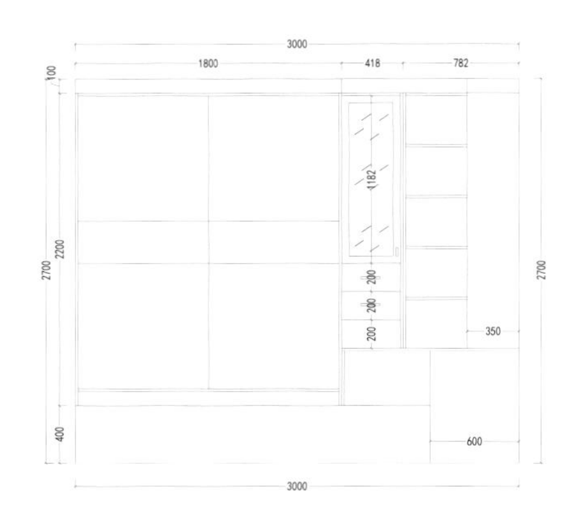

衣柜外立面图

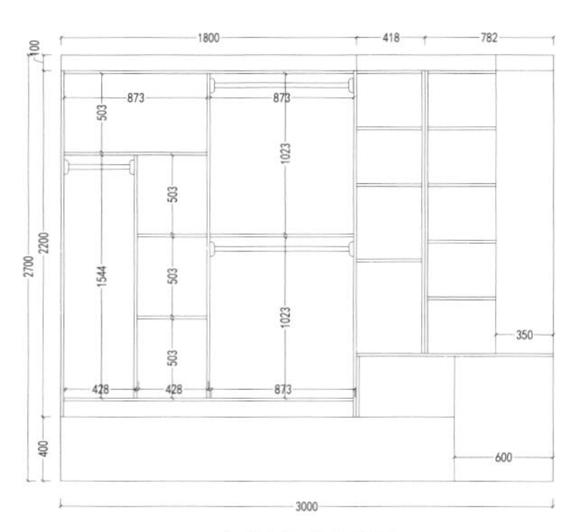

衣柜内立面图

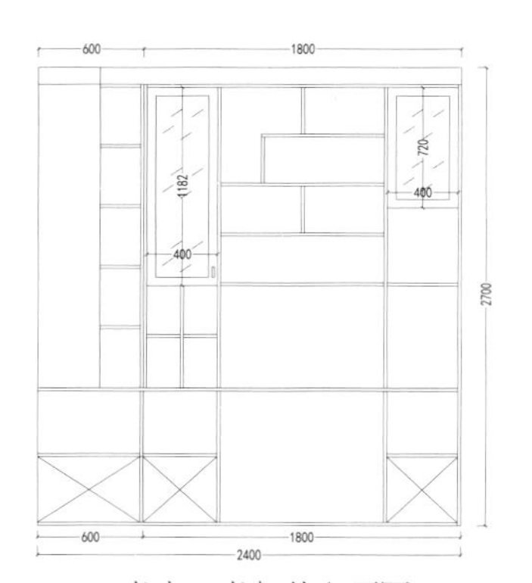

书桌、书架外立面图

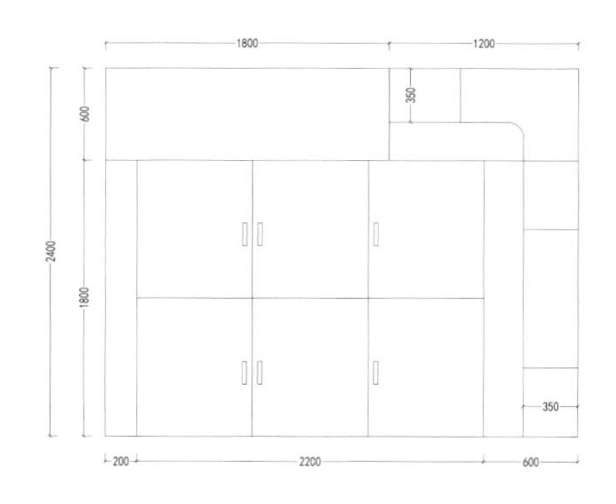

组合俯视图

编号：TTM-006 风格：现代

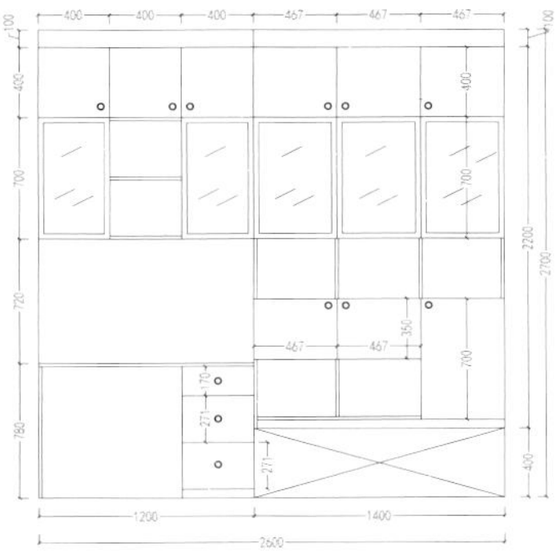

书桌、书架外立面图

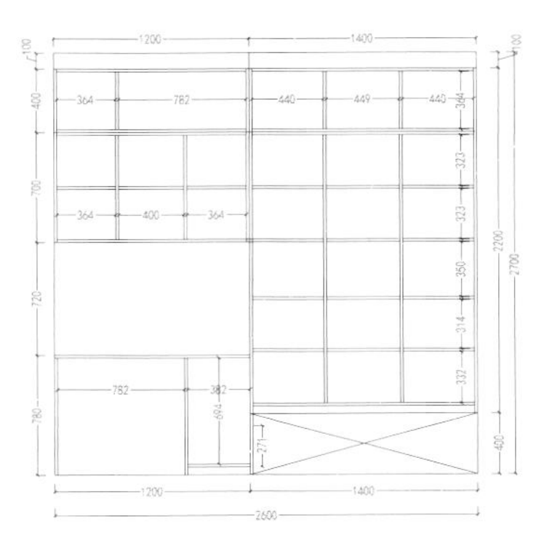

书桌、书架内立面图

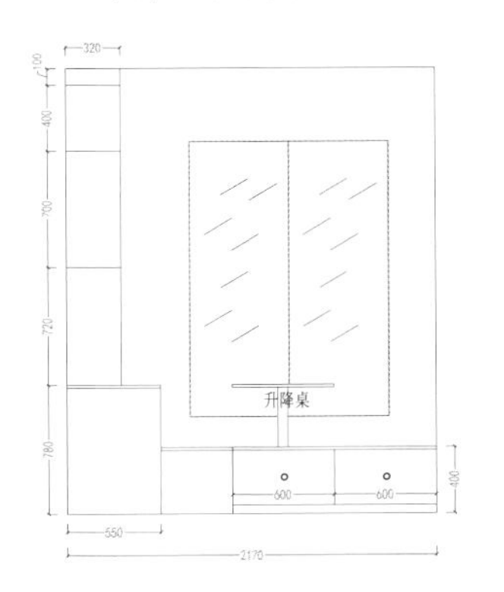

榻榻米外立面图

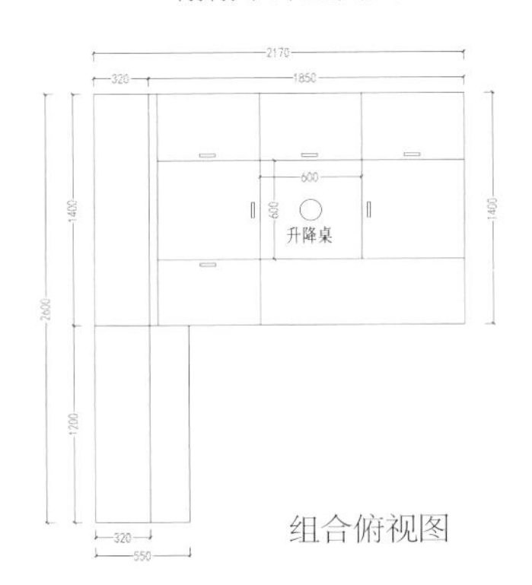

组合俯视图

编号：TTM-007 风格：现代

编号：TTM-008 风格：现代

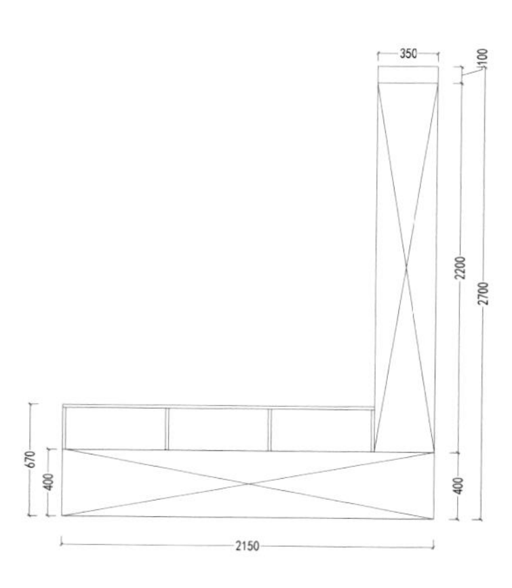

矮柜外立面图

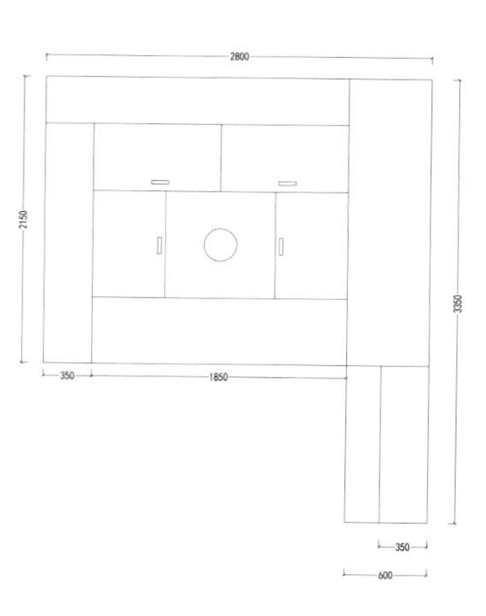

组合俯视图

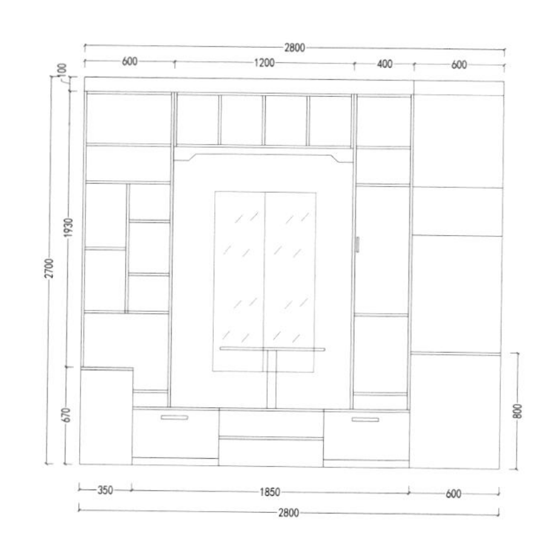

书架外立面图

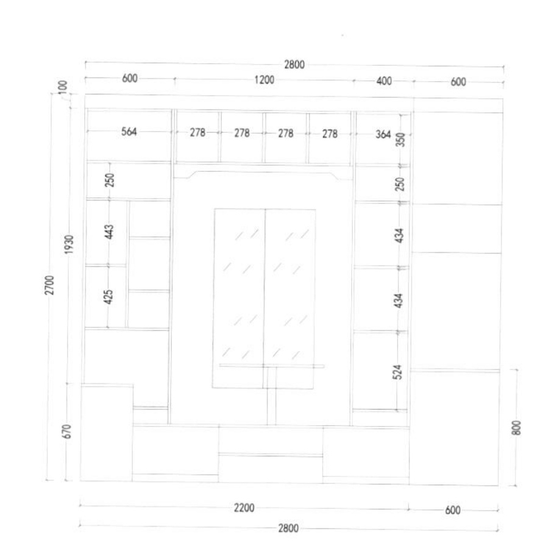

书架内立面图

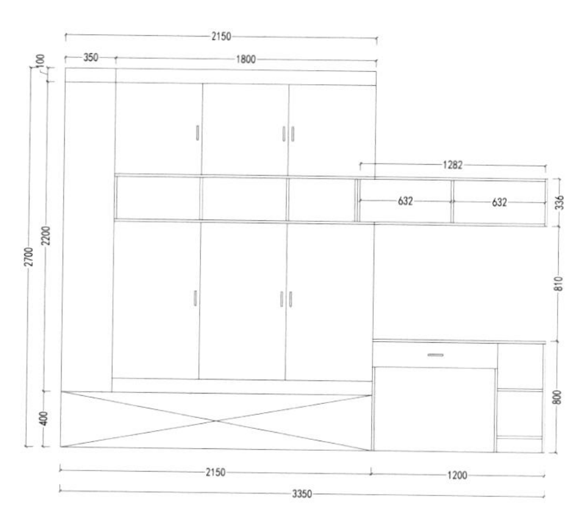

书桌、衣柜外立面图

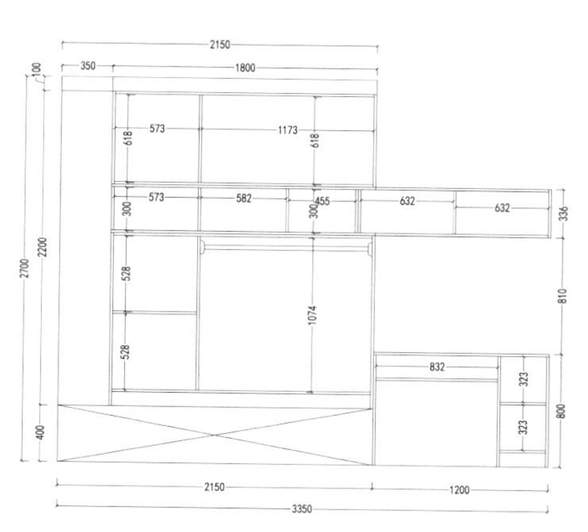

书桌、衣柜内立面图

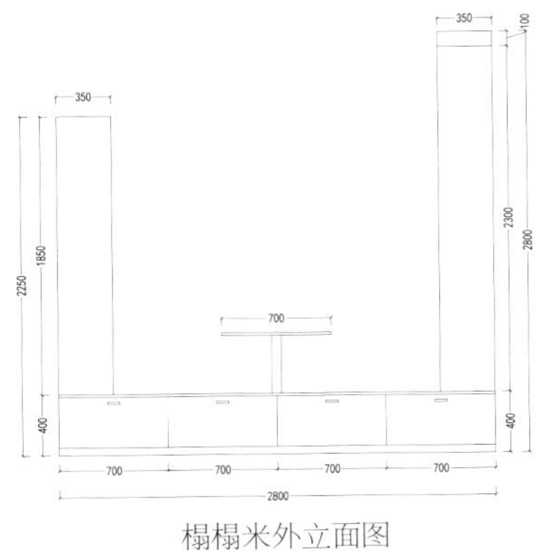

榻榻米外立面图

编号：TTM-009 风格：现代

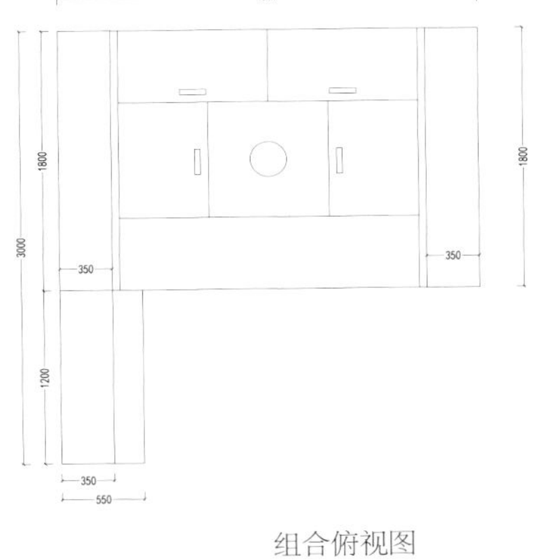

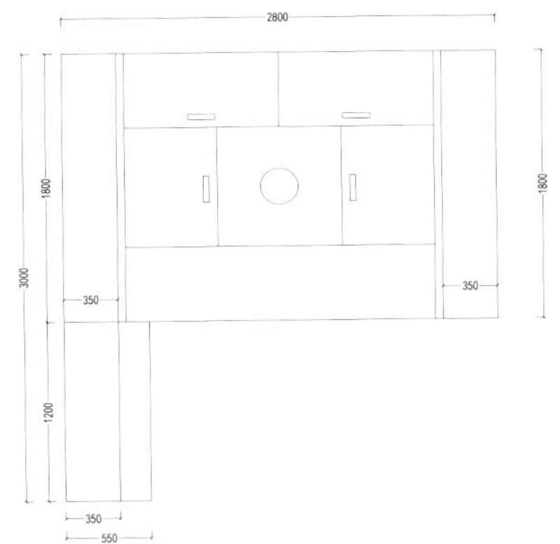

组合俯视图

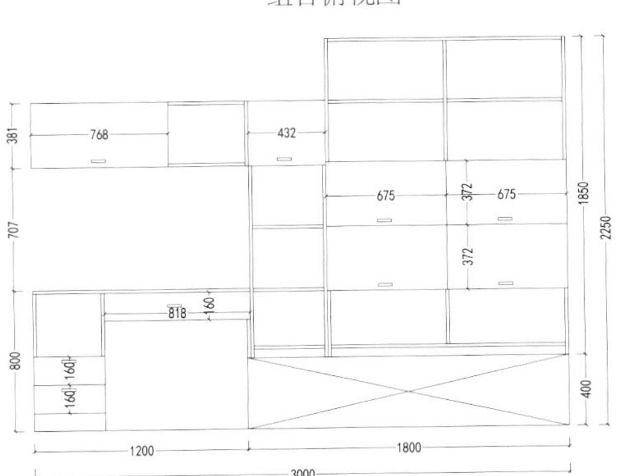

书桌、书架外立面图

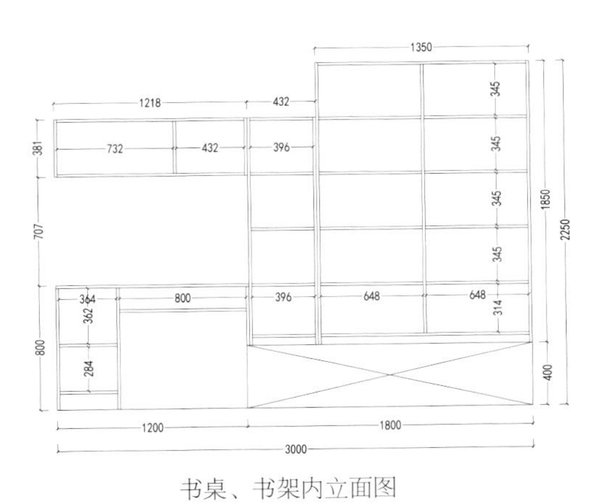

书桌、书架内立面图

书架外立面图

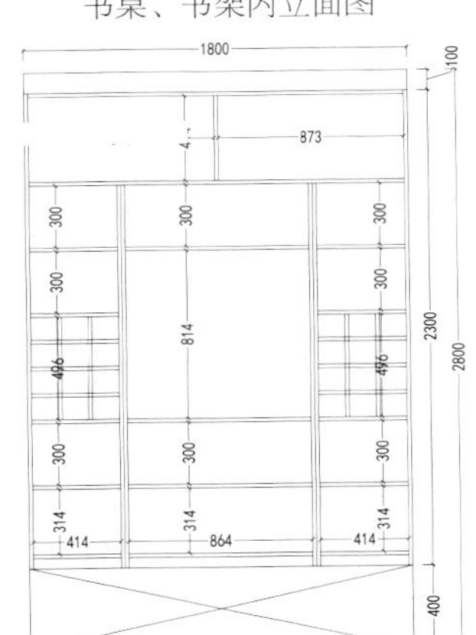

书架内立面图

编号：TTM-010 风格：现代

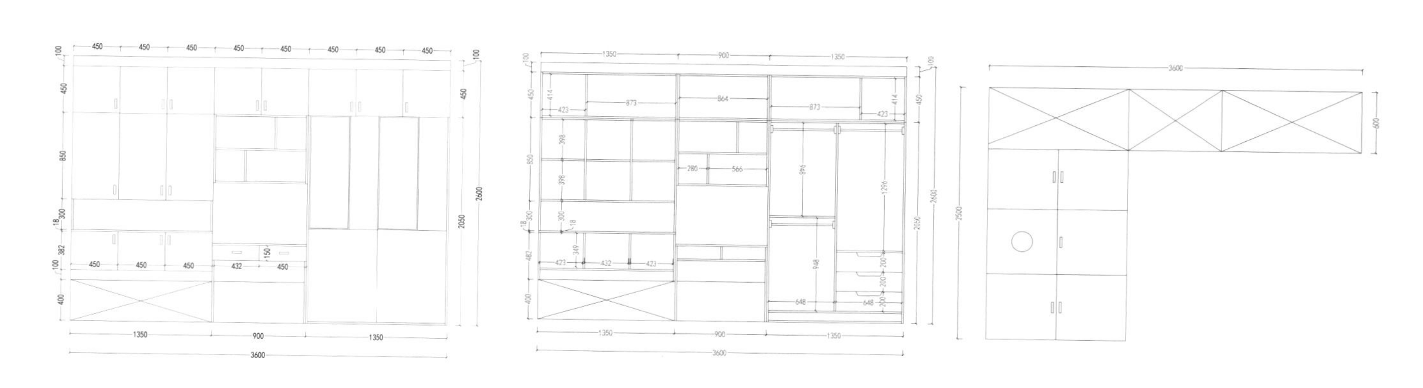

衣柜、书桌外立面图　　衣柜、书桌内立面图　　组合俯视图

编号：TTM-011 风格：现代

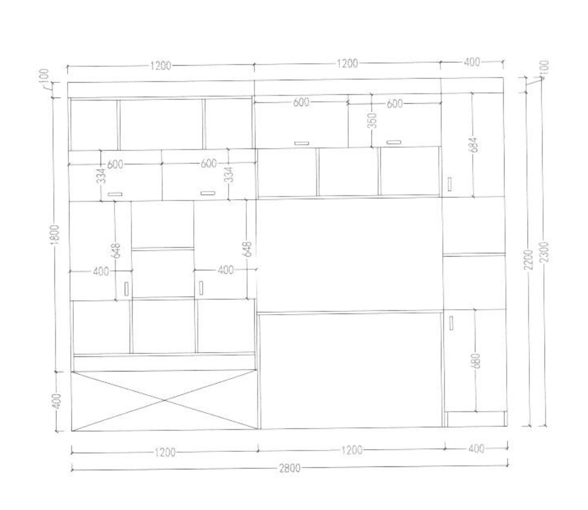

书桌、书架外立面图

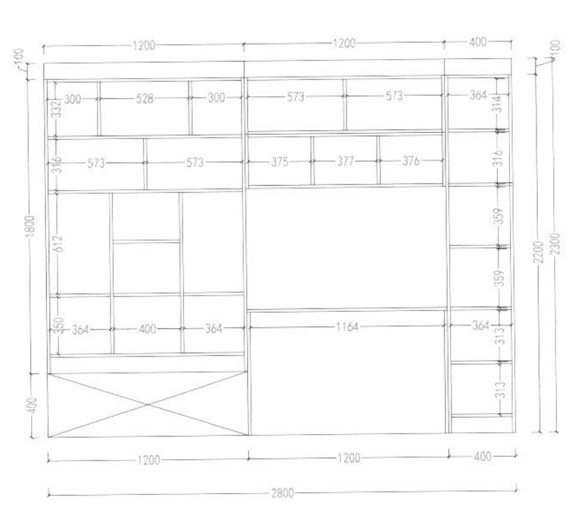

书桌、书架内立面图

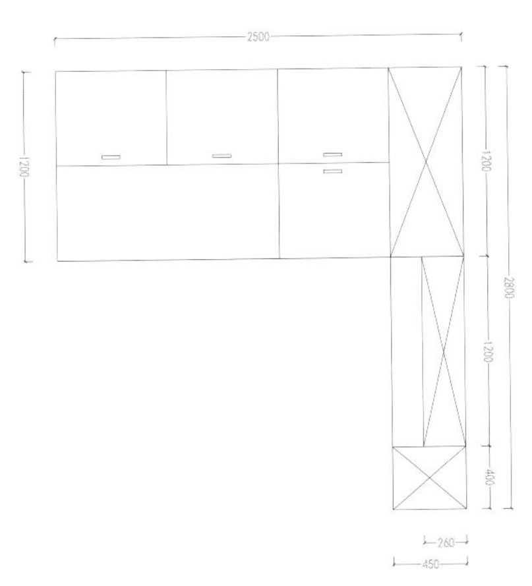

组合俯视图

编号：TTM-012 风格：现代

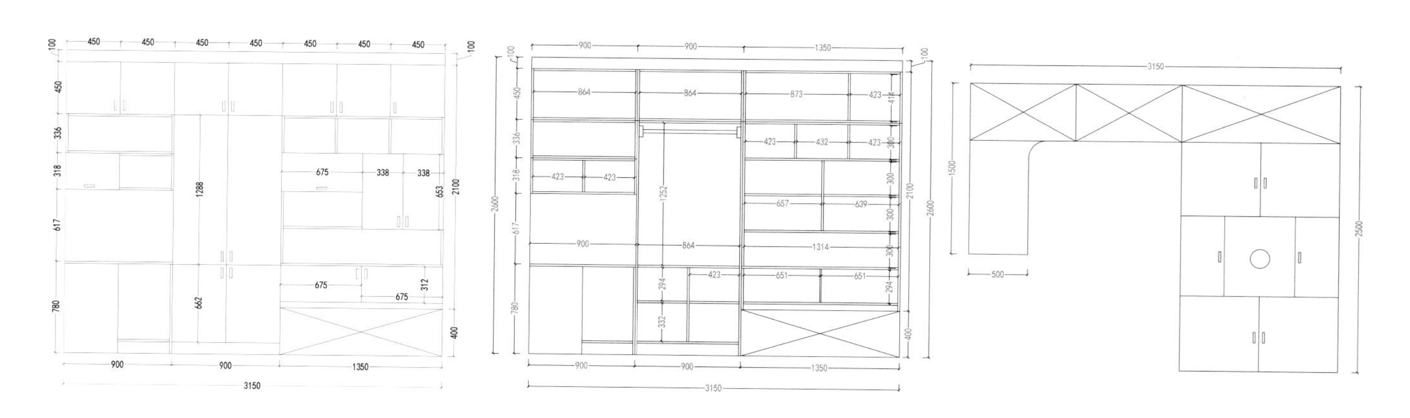

衣柜、书柜外立面图

衣柜、书柜内立面图

组合俯视图

编号：TTM-013 风格：现代

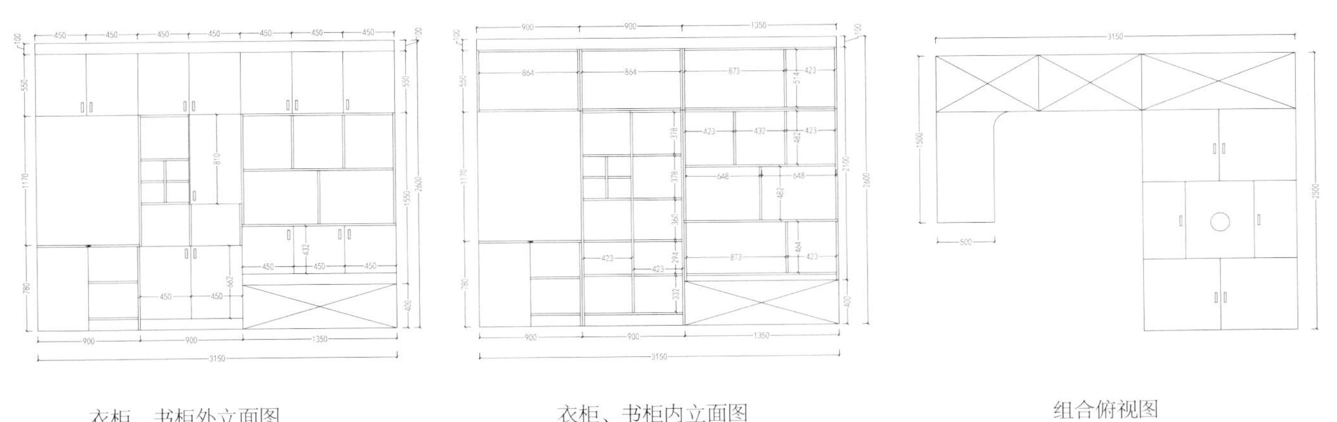

衣柜、书柜外立面图　　衣柜、书柜内立面图　　组合俯视图

编号：TTM-014 风格：简约

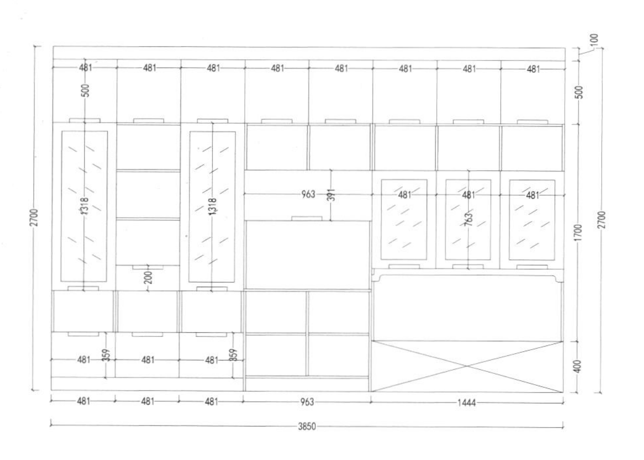

衣柜、书柜外立面图

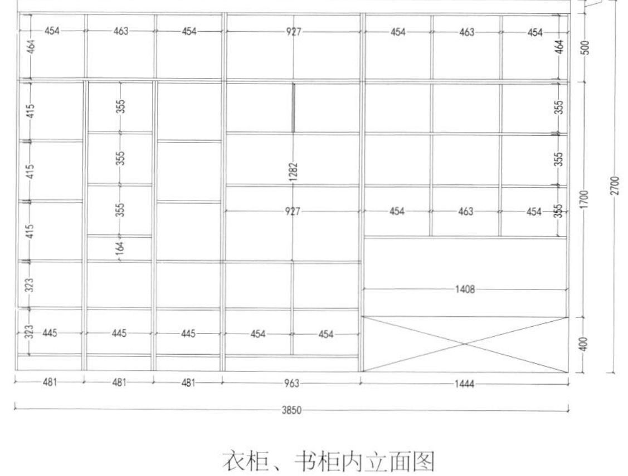

衣柜、书柜内立面图

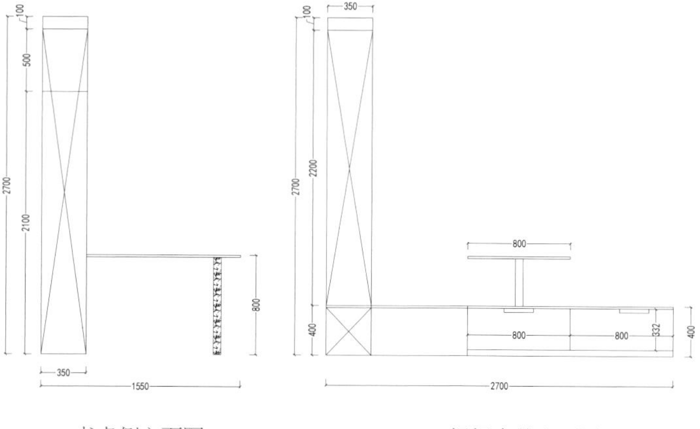

书桌侧立面图

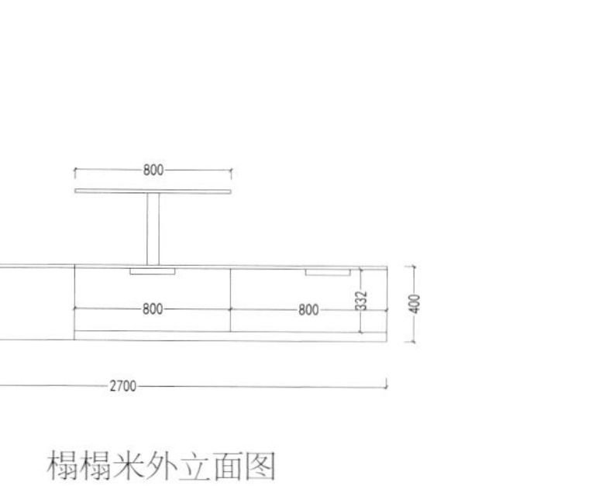

榻榻米外立面图

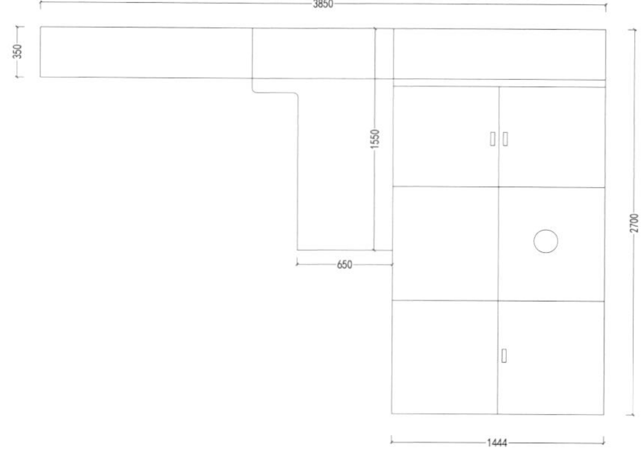

组合俯视图

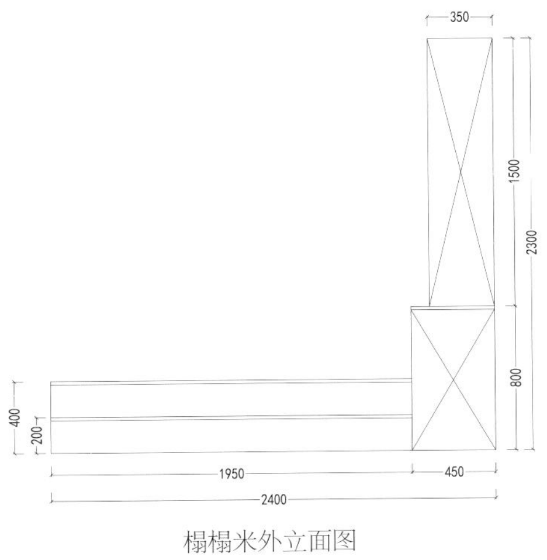

榻榻米外立面图

编号：TTM-015 风格：新中式

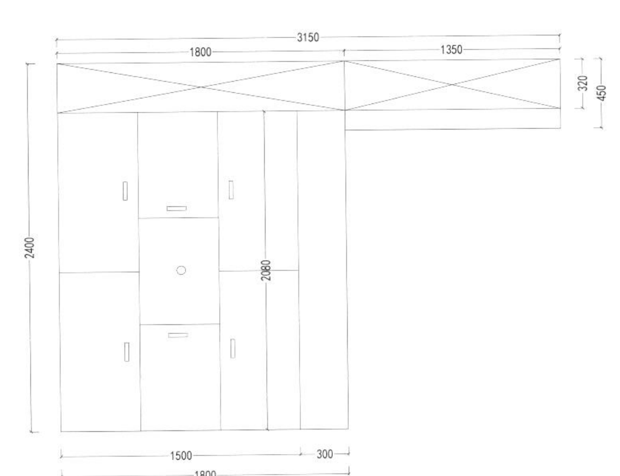

俯视平面图

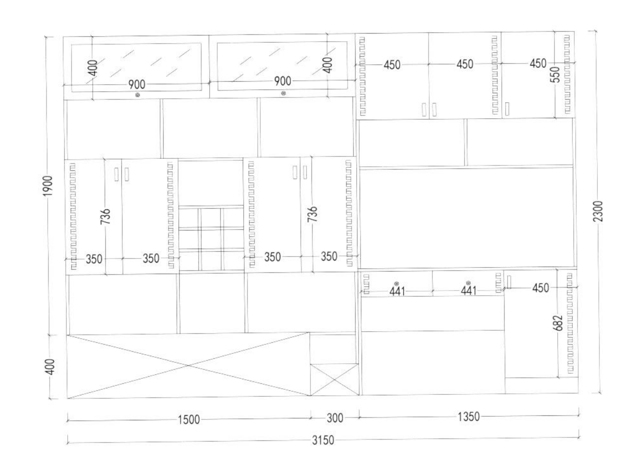

书桌书架外立面图

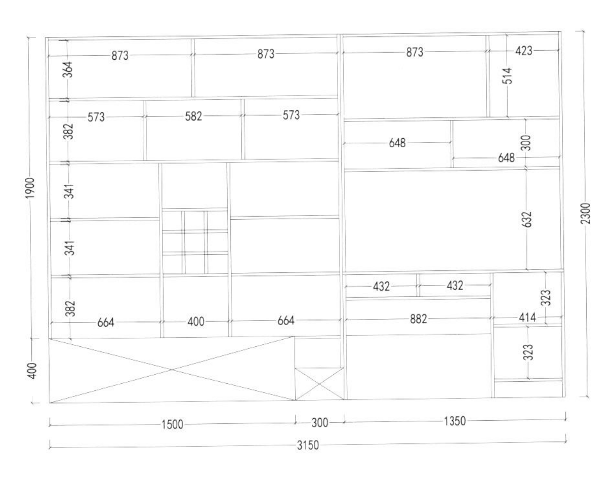

书桌书架内立面图

编号：TTM-016 风格：北欧

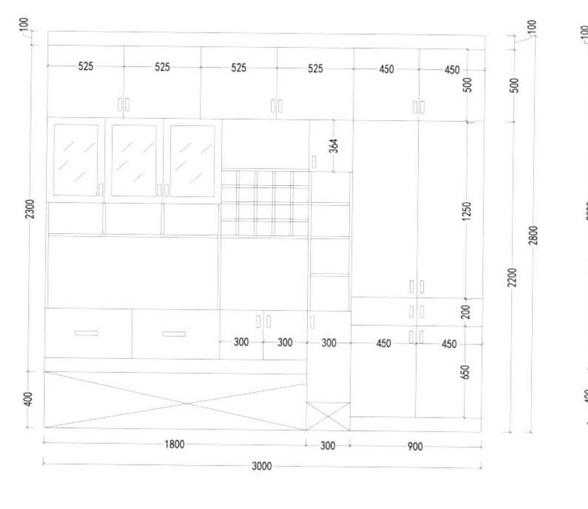

多功能柜外立面图

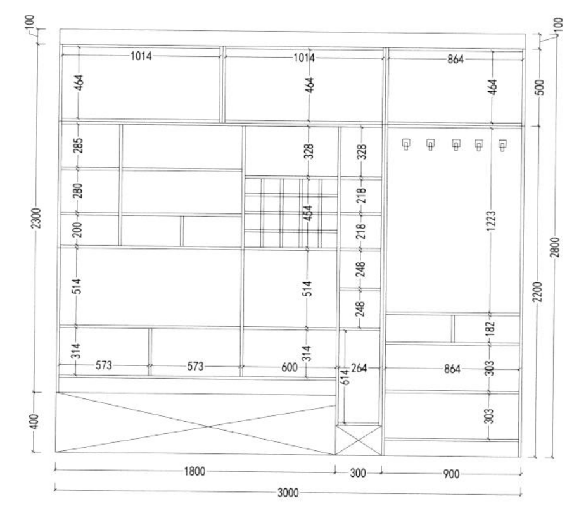

多功能柜内立面图

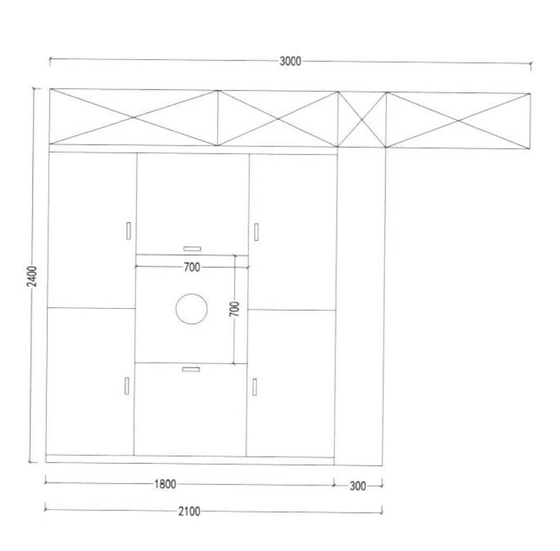

组合俯视图

编号：TTM-017 风格：简约

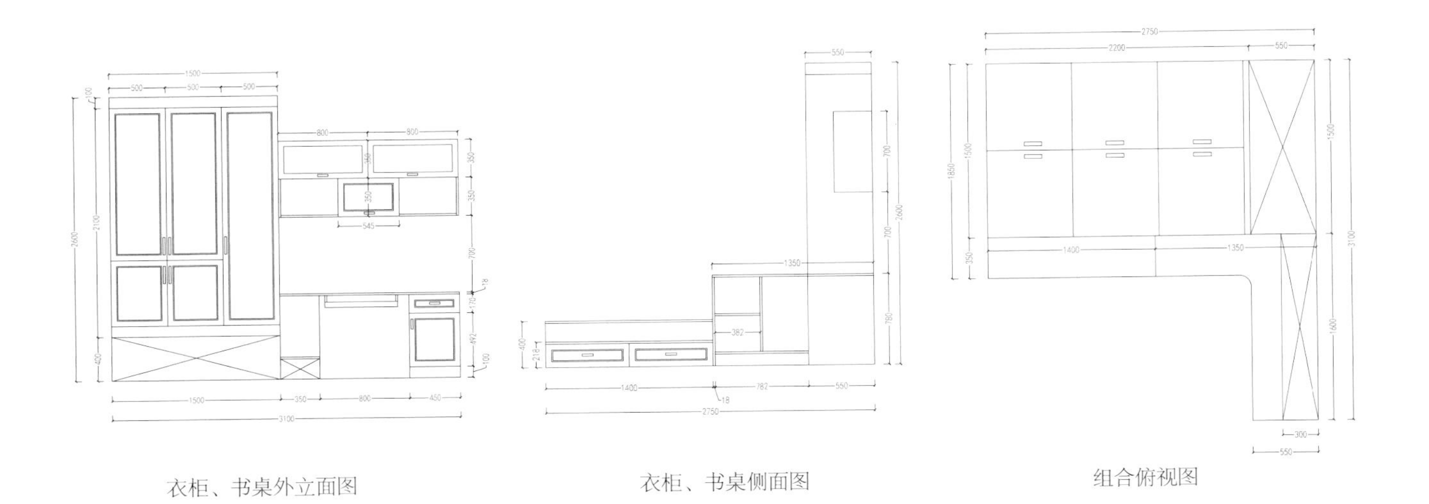

衣柜、书桌外立面图　衣柜、书桌侧面图　组合俯视图

编号：TTM-018 风格：日式

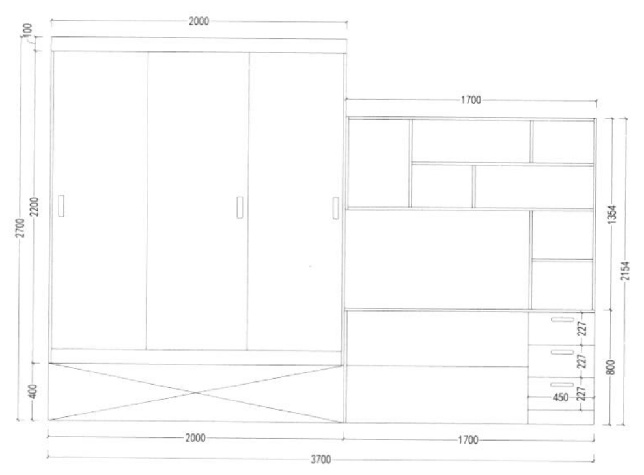

衣柜、书桌外立面图

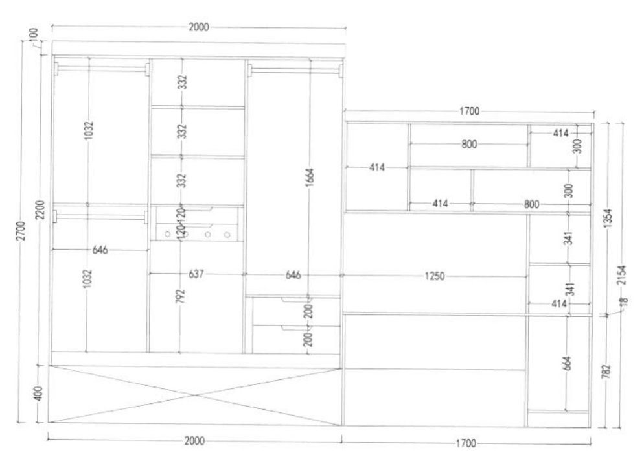

衣柜、书桌内立面图

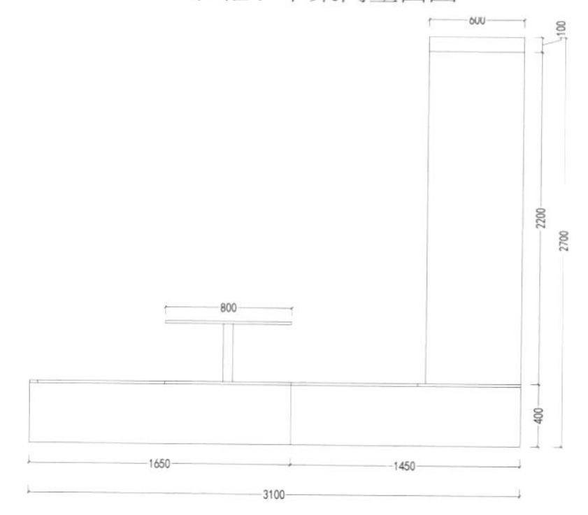

榻榻米外立面图

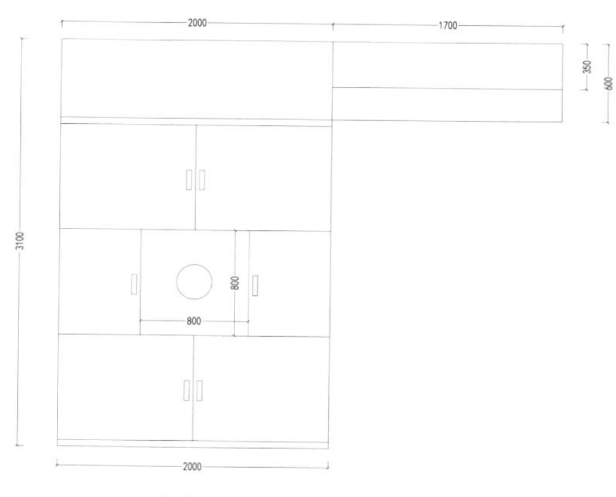

组合俯视图

编号：TTM-019 风格：日式

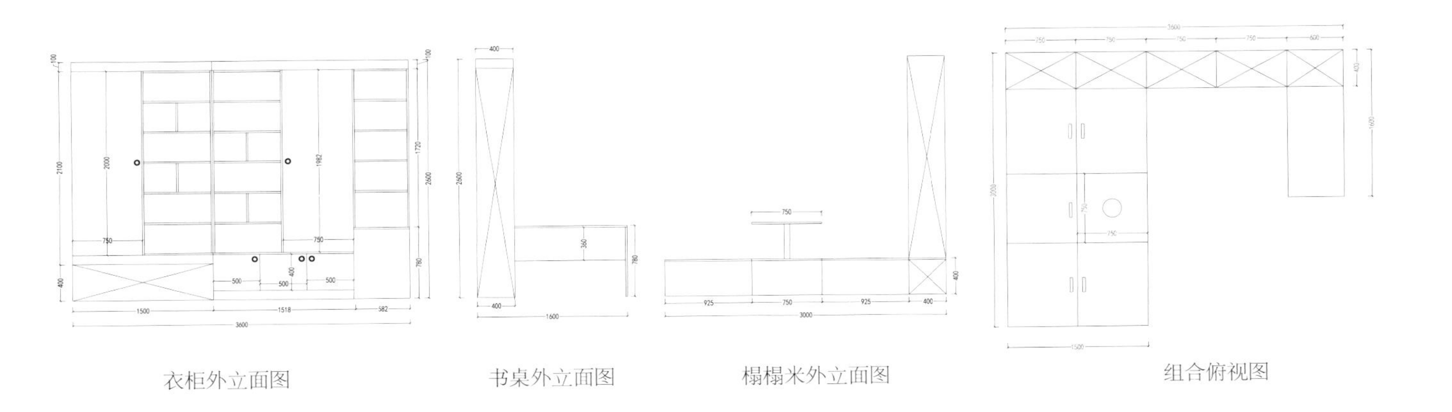

衣柜外立面图　书桌外立面图　榻榻米外立面图　组合俯视图

编号：TTM-020 风格：轻奢

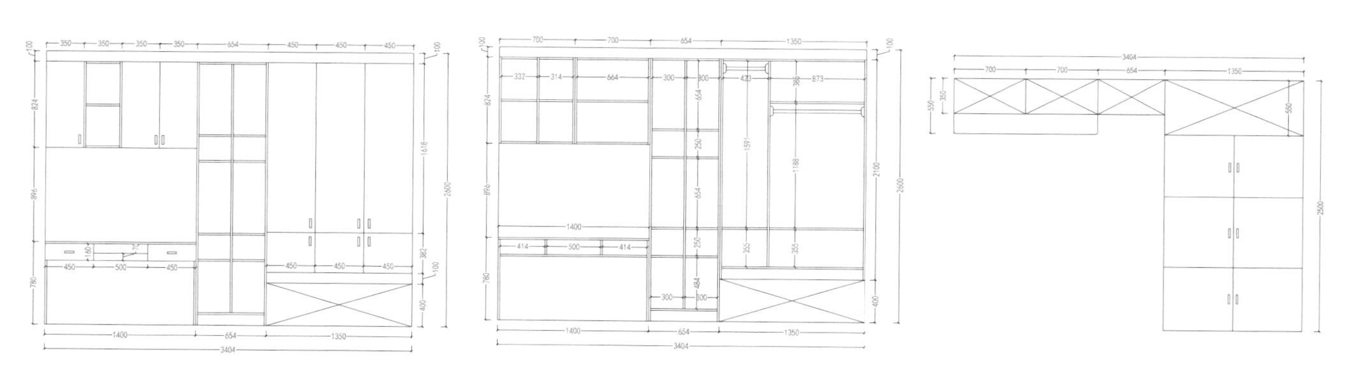

衣柜、书柜外立面图　　衣柜、书柜内立面图　　组合俯视图

编号：TTM-021 风格：轻奢

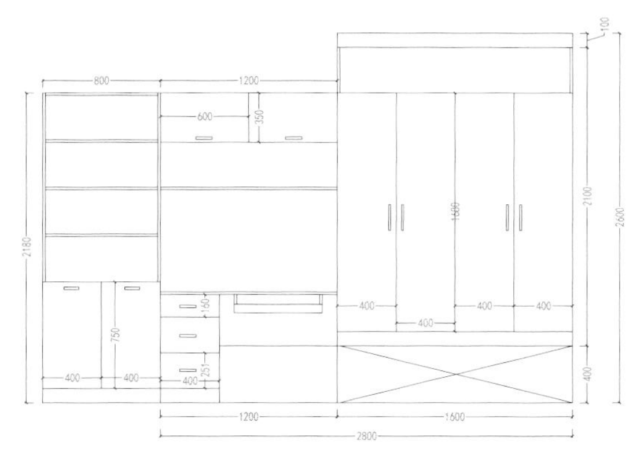

衣柜、书柜外立面图

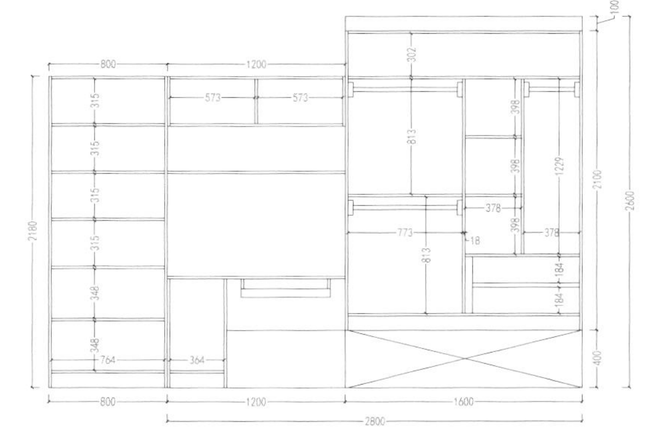

衣柜、书柜内立面图

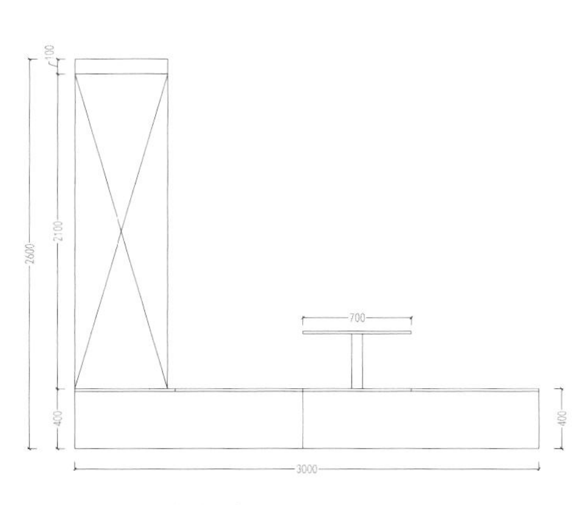

榻榻米外立面图

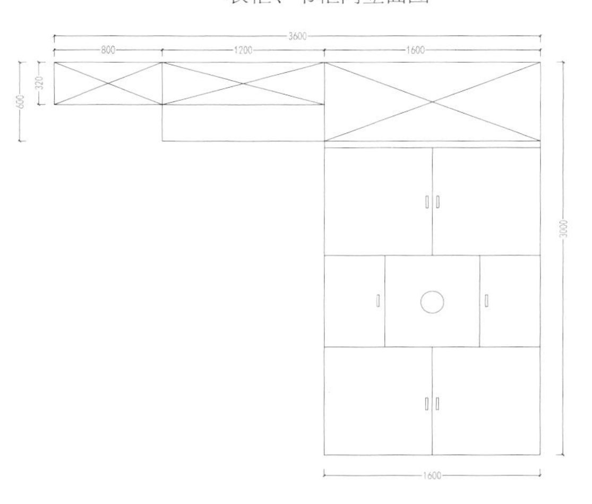

组合俯视图

编号：TTM-022 风格：轻奢

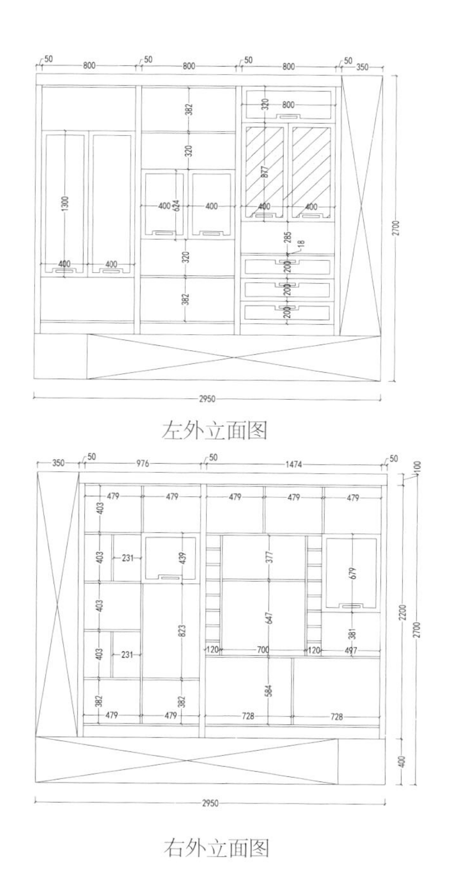

左外立面图

右外立面图

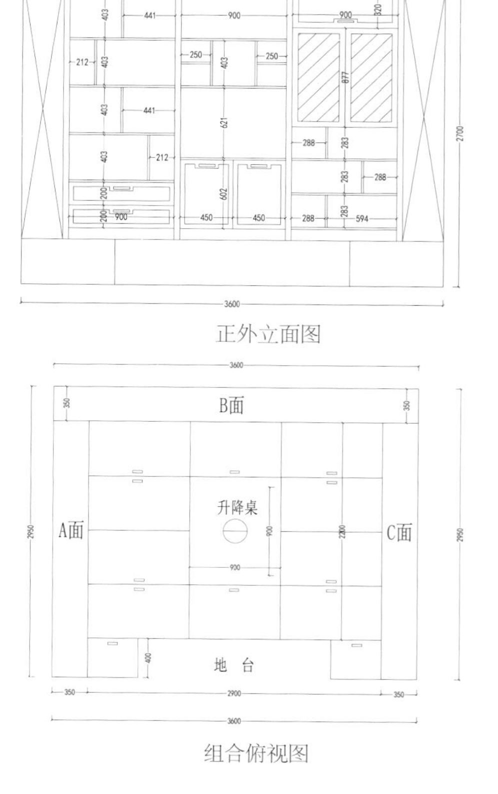

正外立面图

组合俯视图

编号：TTM-023 风格：地中海

榻榻米外立面图

组合俯视图

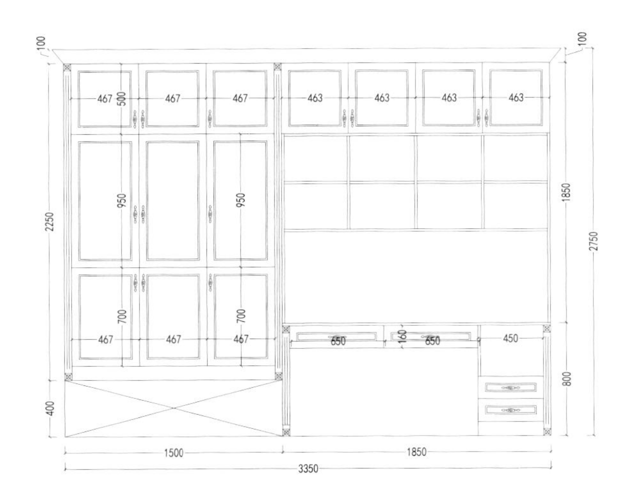

书桌、衣柜外立面图

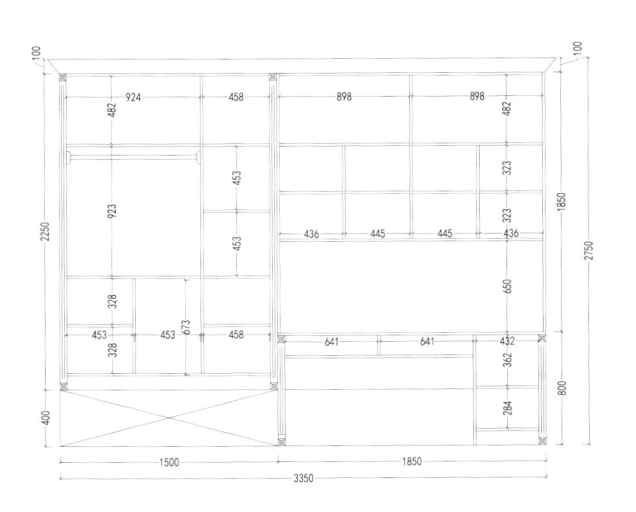

书桌、衣柜内立面图

第六章 衣帽间

女神收纳专用，衣帽间当然要这样定制

长短衣裙，包鞋首饰？
整齐归类，妥善保管？

每个女人都应该拥有自己专属的衣帽间，一个人的衣帽间里面，藏着她的气质和故事；一个人的装扮，展现着她的品位和生活。衣帽间不仅仅是家居中提升品质不可或缺的生活元素，更体现着你对生活的态度。

衣服、包包、鞋子、被褥收纳有方，生活变得简洁、清晰，既能展示自己的“战利品”，也能满足收纳的需求。

编号：YMJ-001 风格：现代

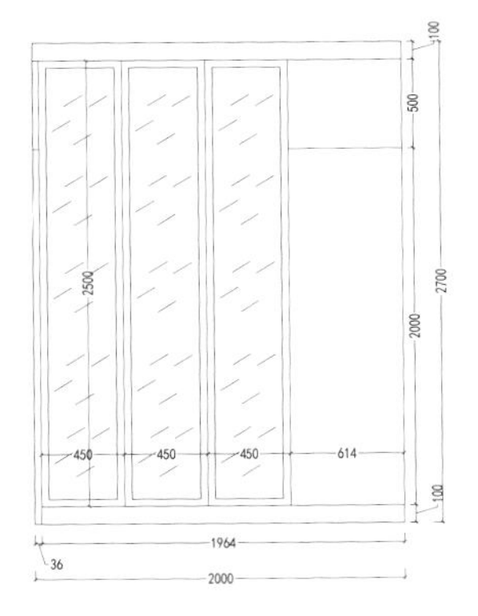

左外立面图

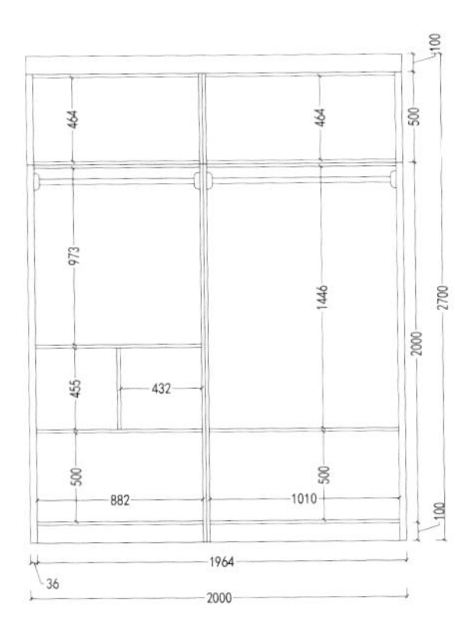

左内立面图

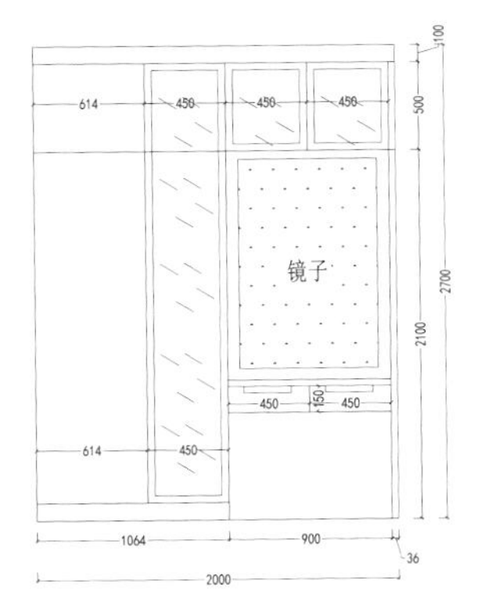

右外立面图

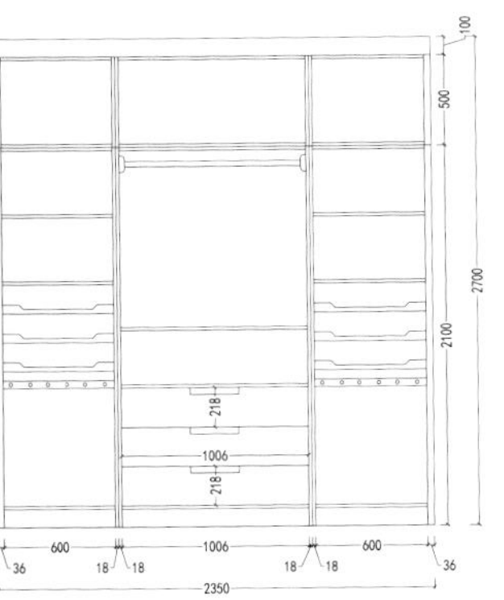

正外立面图

正内立面图

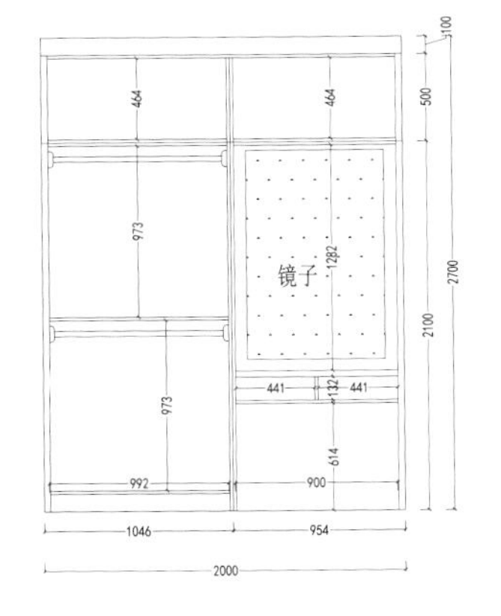

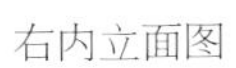

右内立面图

编号：YMJ-002 风格：现代

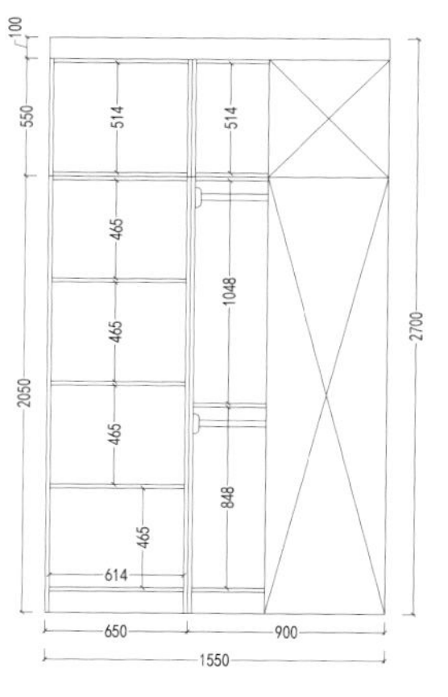

左外立面图

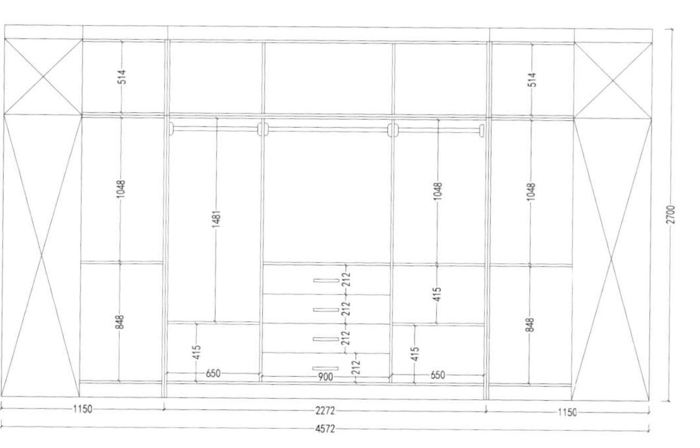

正外立面图

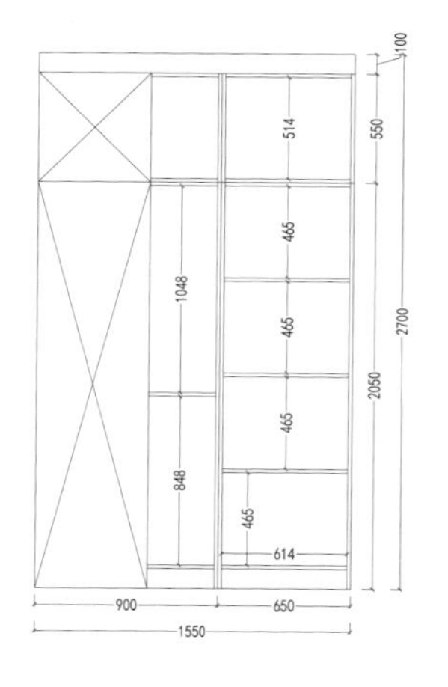

右外立面图

编号：YMJ−003 风格：现代

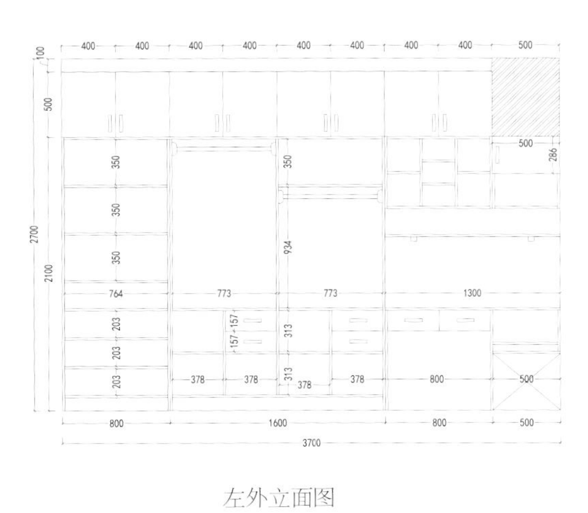

左外立面图

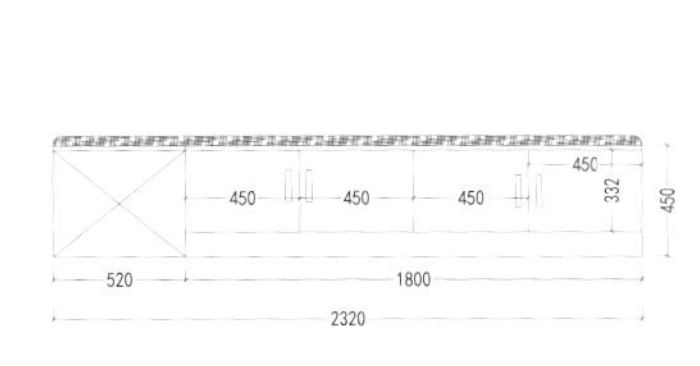

正外立面图

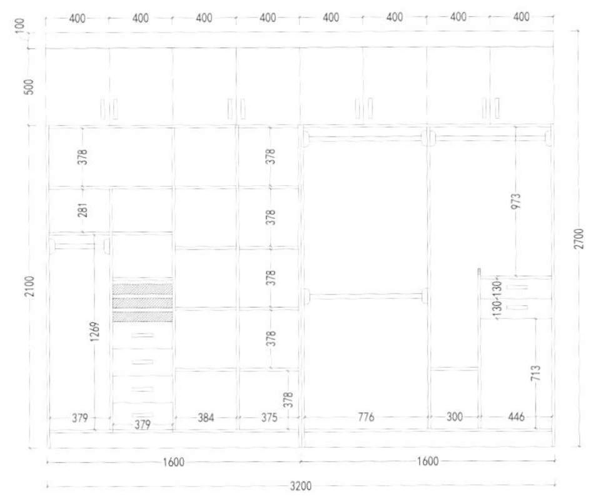

右外立面图

编号：YMJ-004 风格：简约

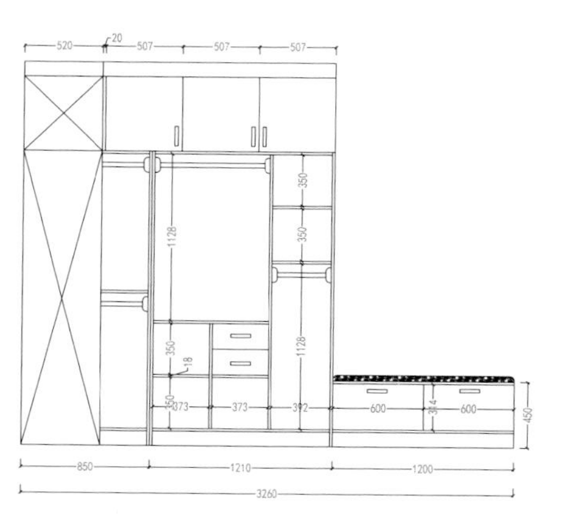

右外立面图

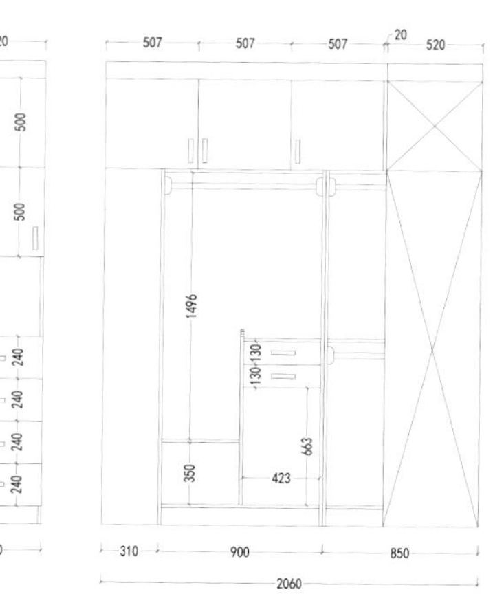

左侧外立面图　　左外立面图

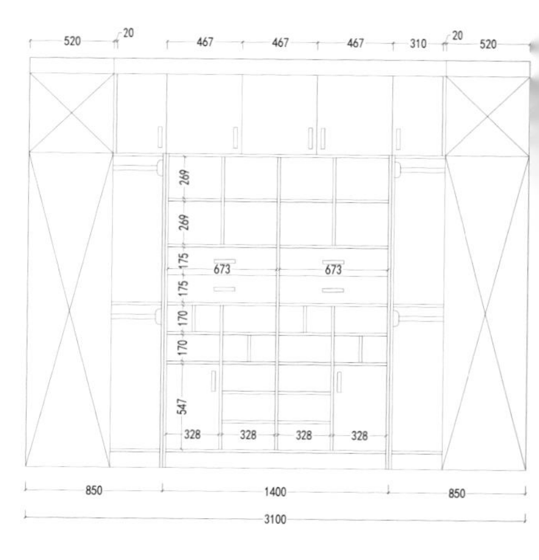

正外立面图

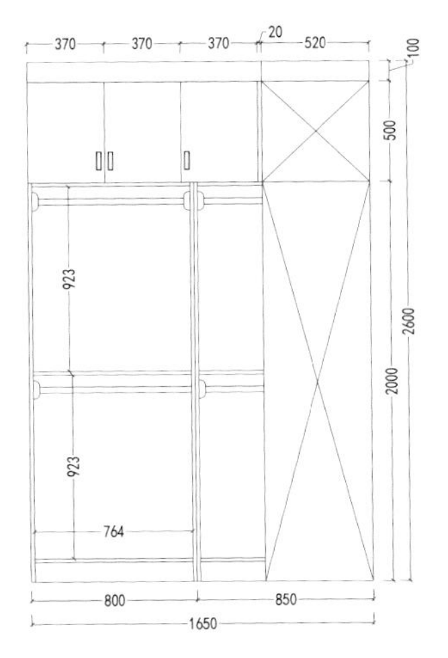

左外立面图

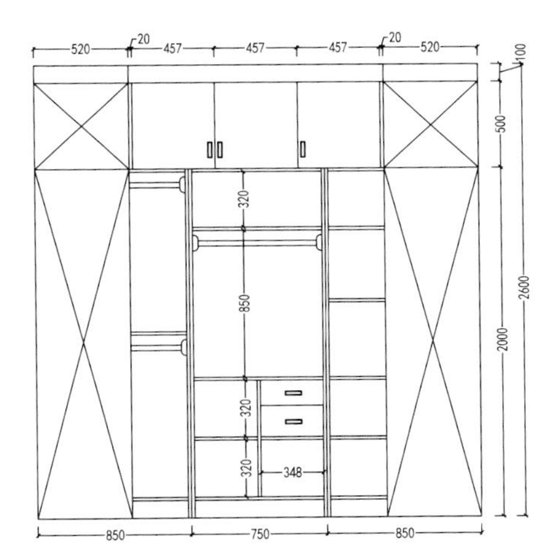

正外立面图

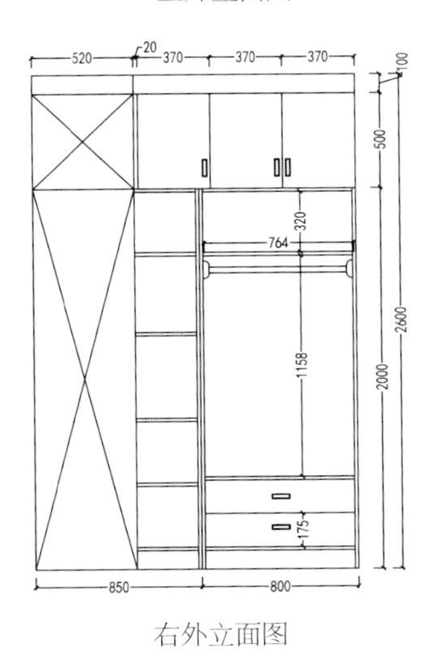

右外立面图

编号：YMJ-005 风格：极简

编号：YMJ-006 风格：简欧

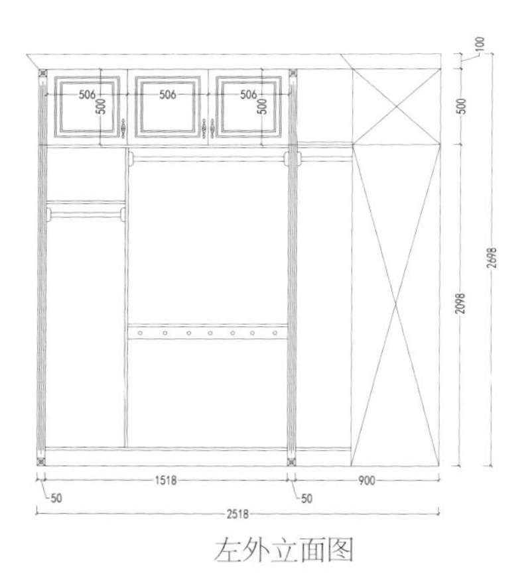

左外立面图

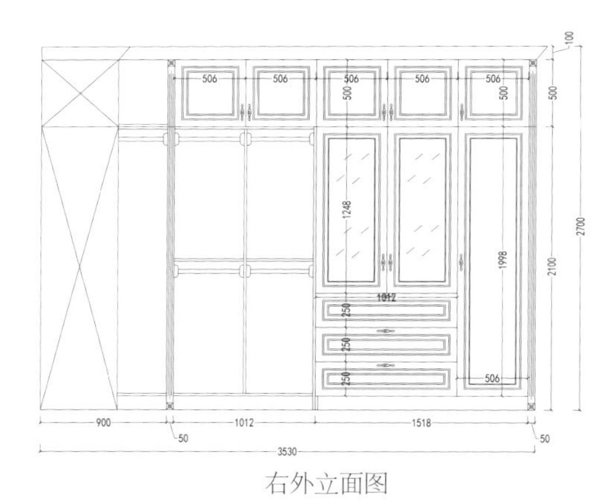

右外立面图

左内立面图

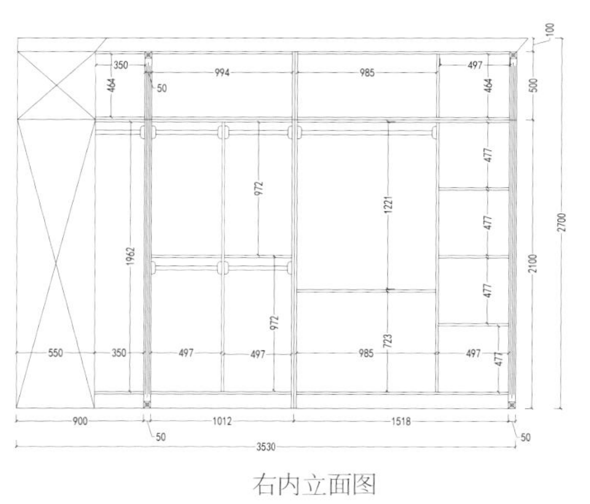

右内立面图

编号：YMJ-007 风格：简欧

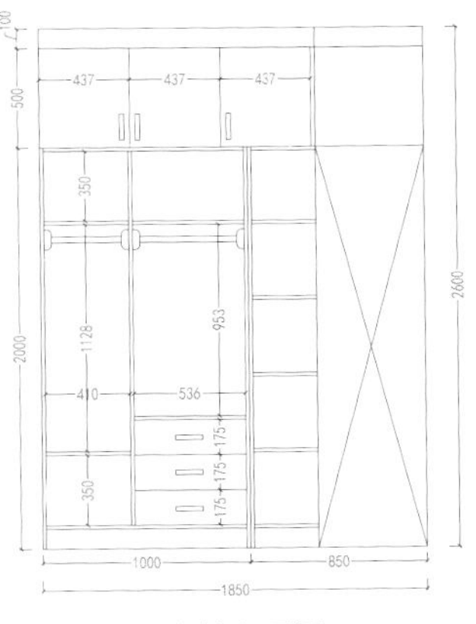

左外立面图

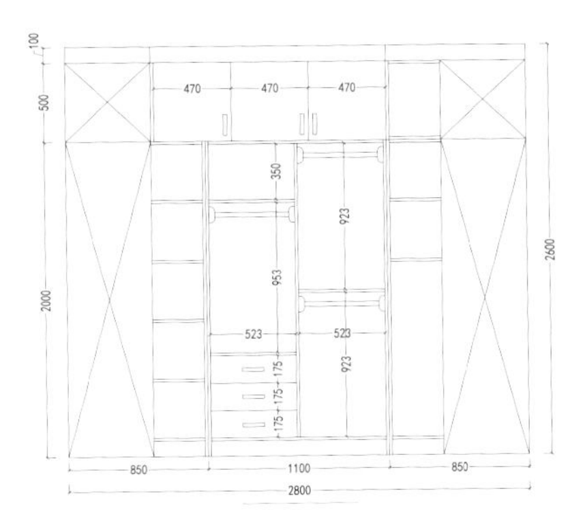

正外立面图

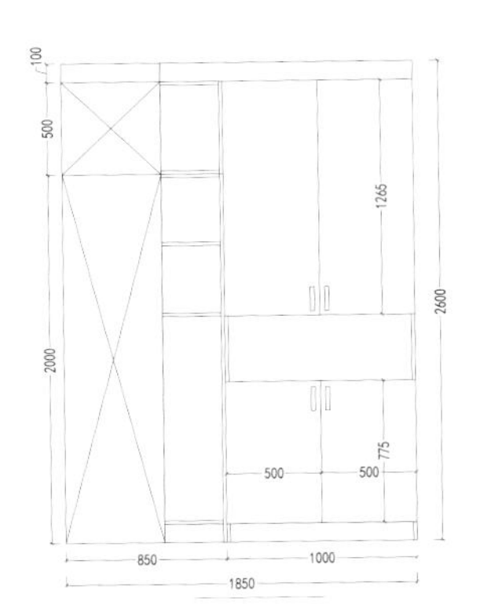

右外立面图

编号：YMJ-008 风格：欧式

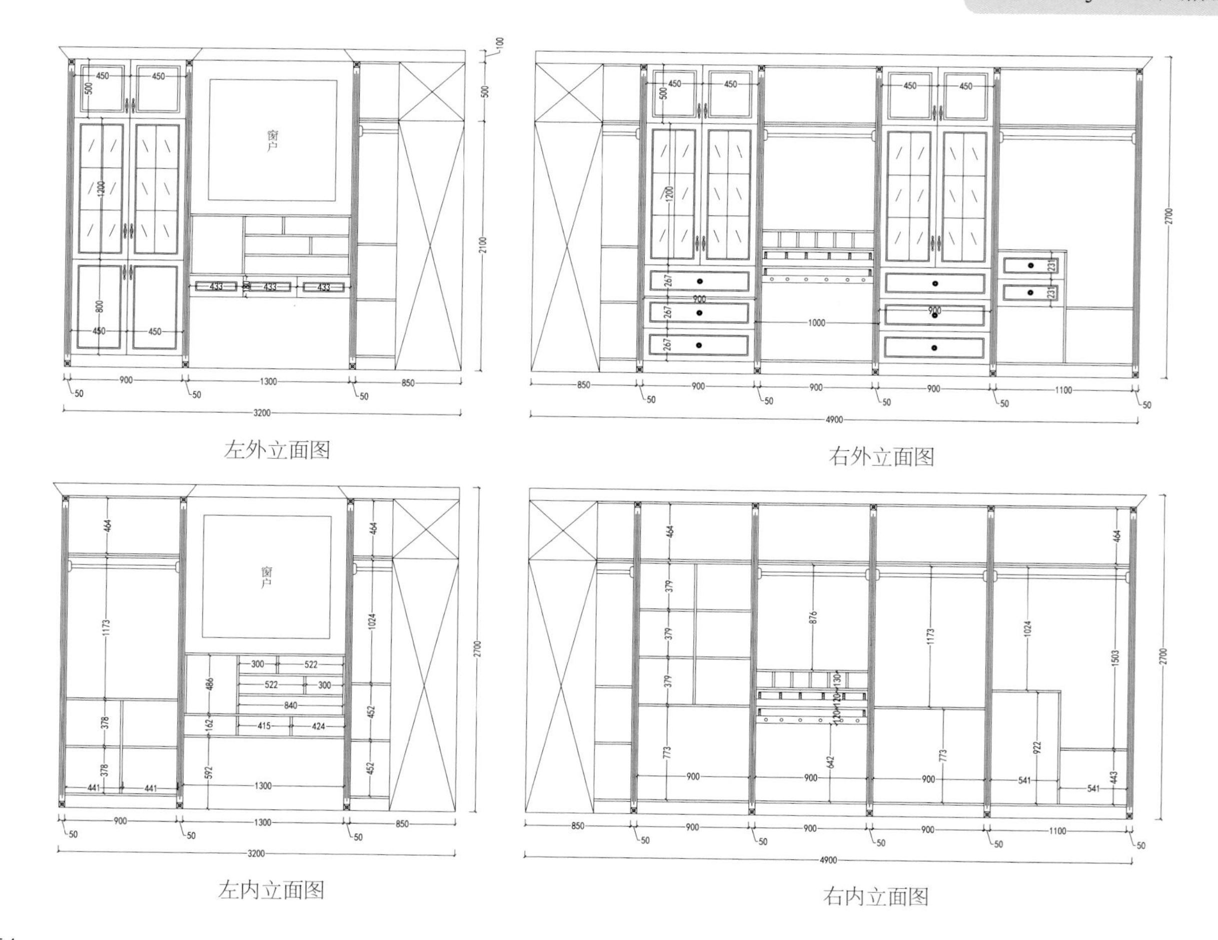

编号：YMJ-009 风格：欧式

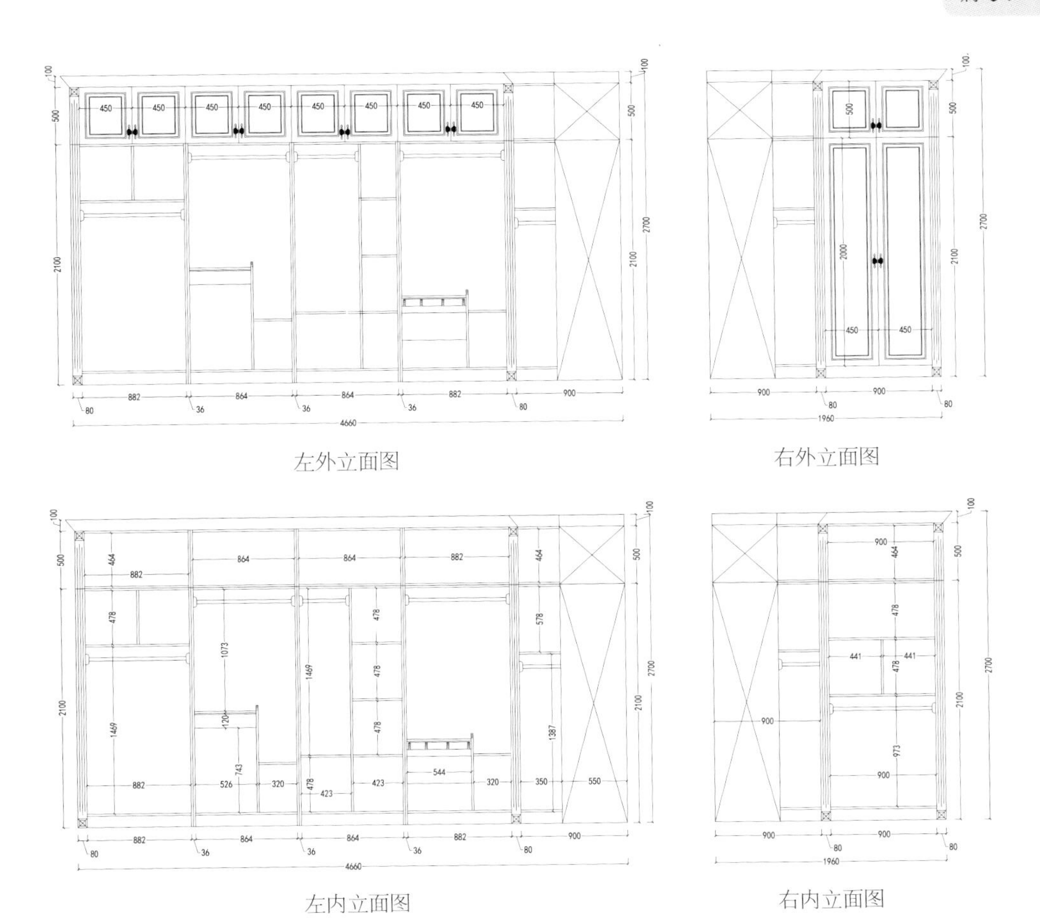

左外立面图　右外立面图

左内立面图　右内立面图

编号：YMJ-010 风格：欧式

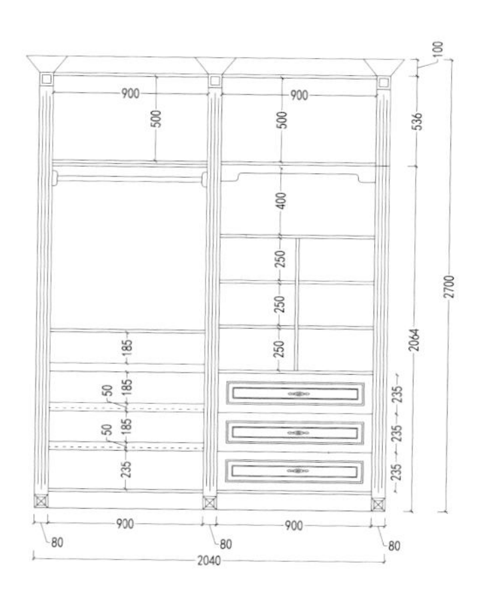

左外立面图

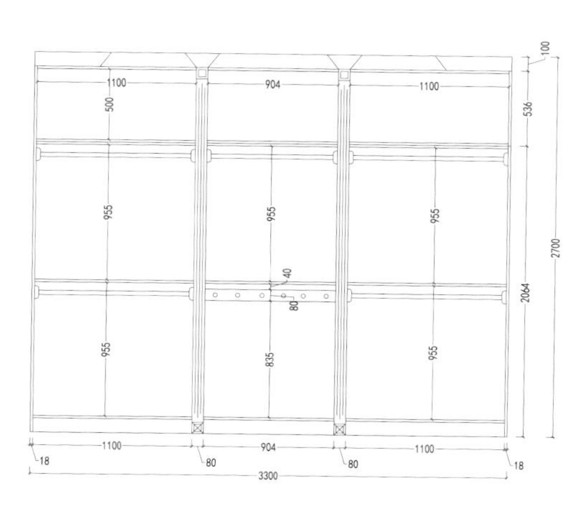

正外立面图

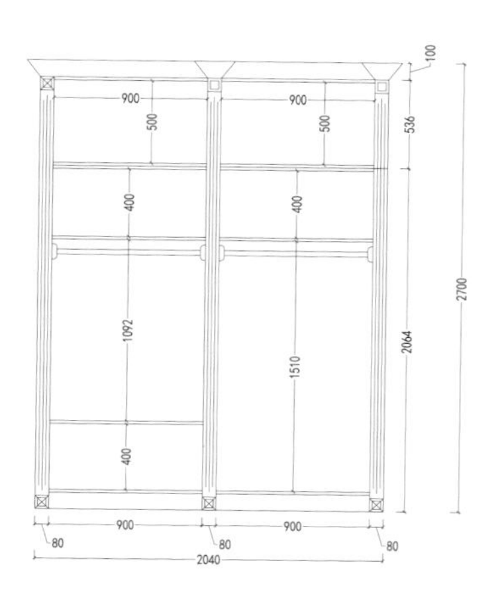

右外立面图

编号：YMJ-011 风格：北欧

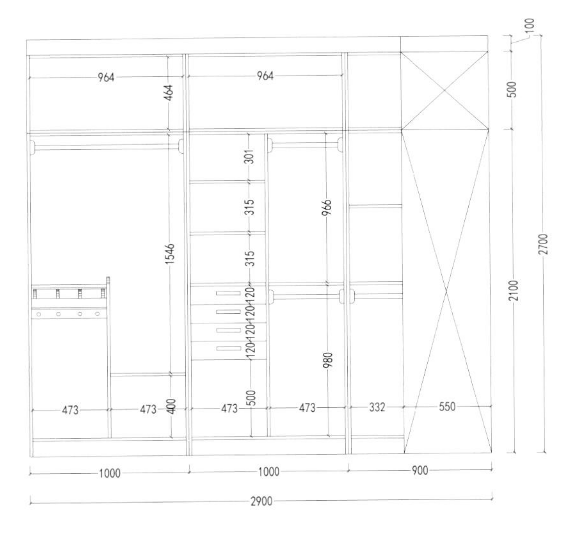

左外立面图

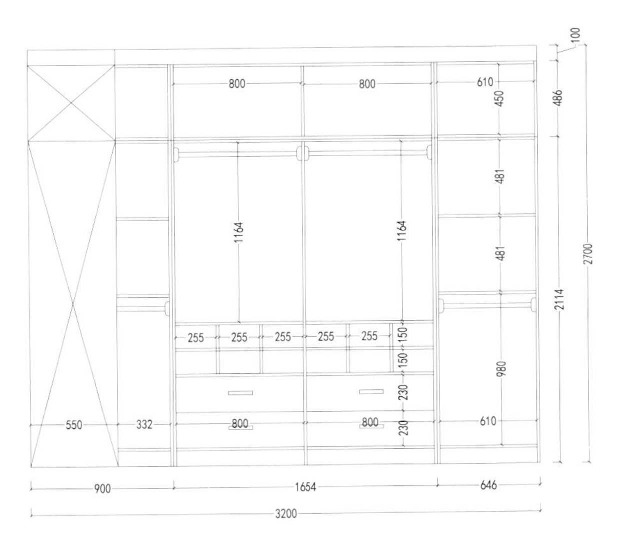

右外立面图

编号：YMJ-012 风格：北欧

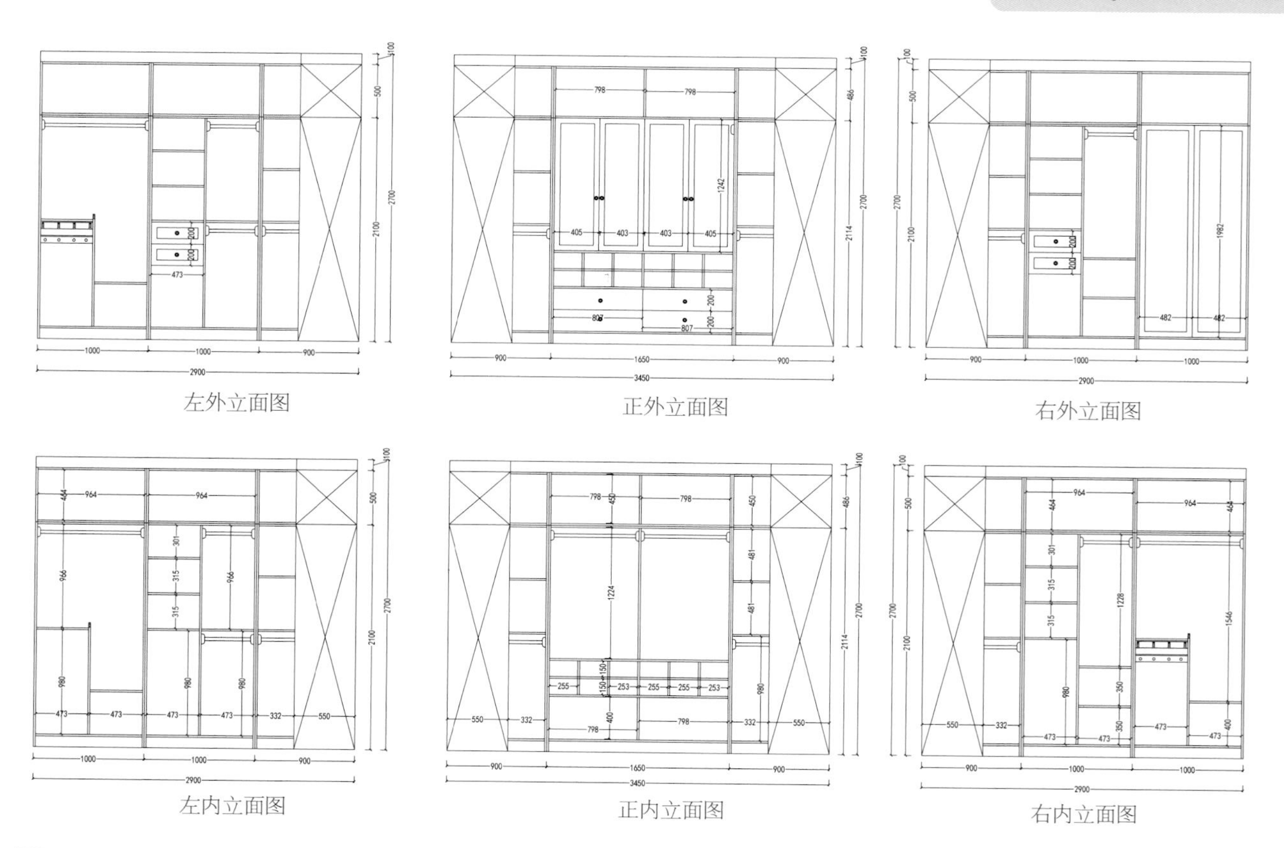

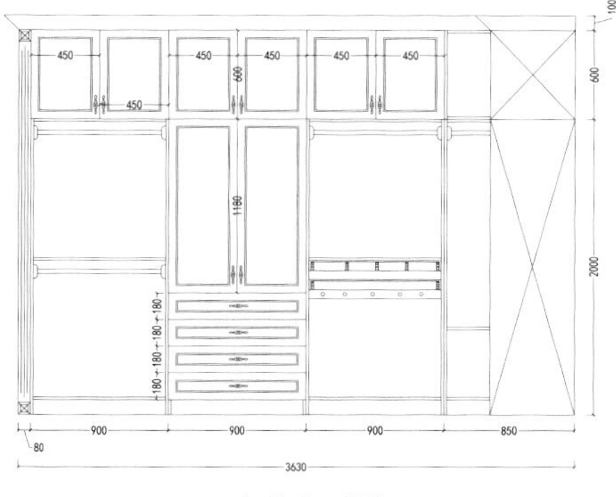

左外立面图

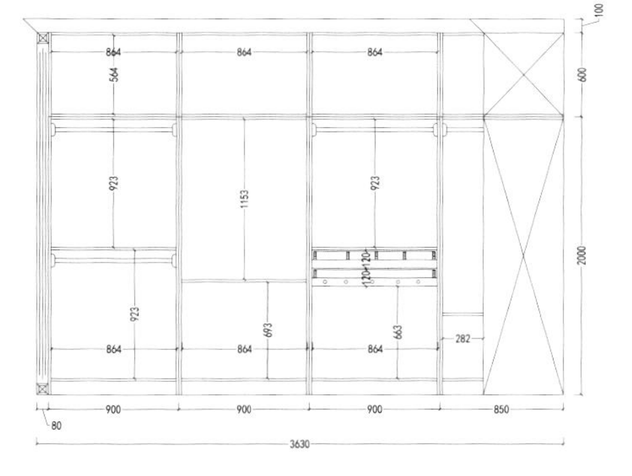

左内立面图

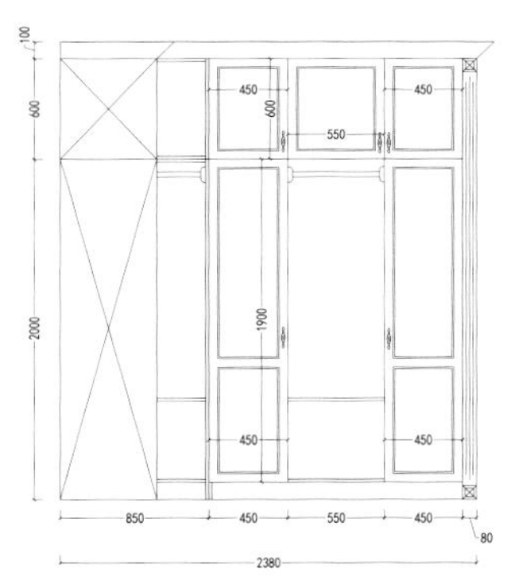

右外立面图

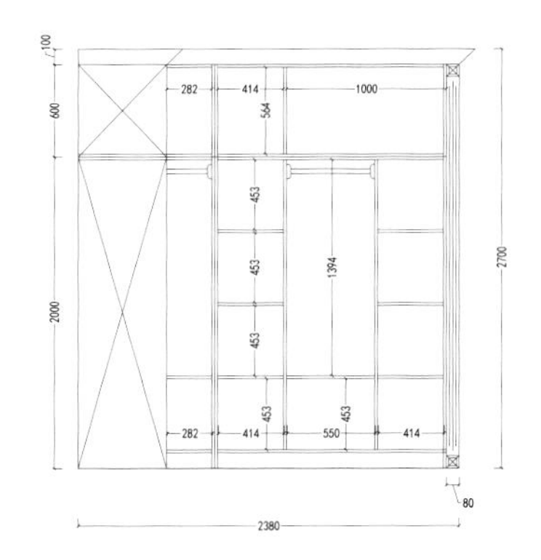

右内立面图

编号：YMJ-013 风格：美式

编号：YMJ-014 风格：新中式

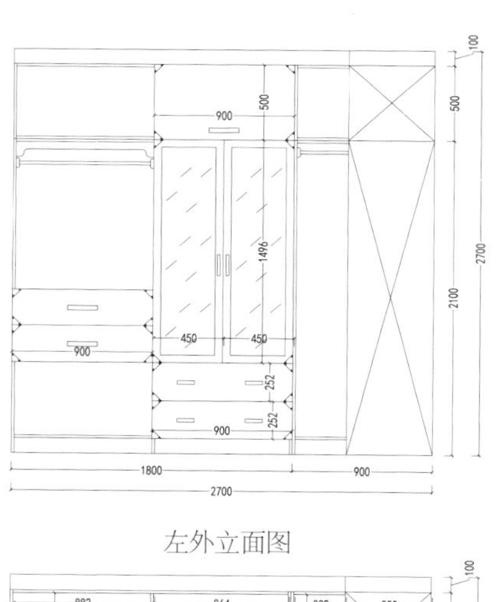

左外立面图

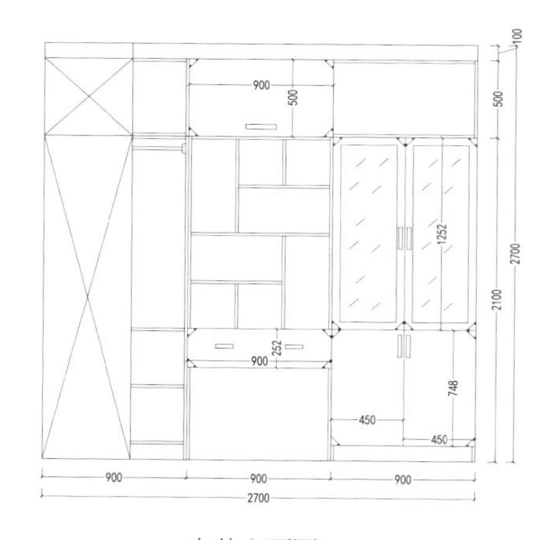

右外立面图

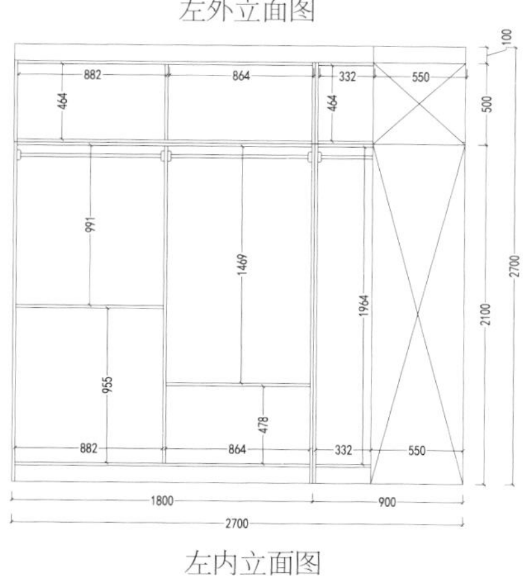

左内立面图

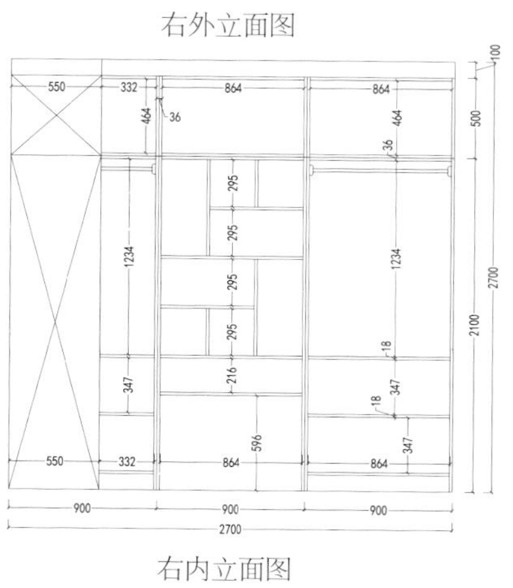

右内立面图

编号：YMJ-015 风格：轻奢

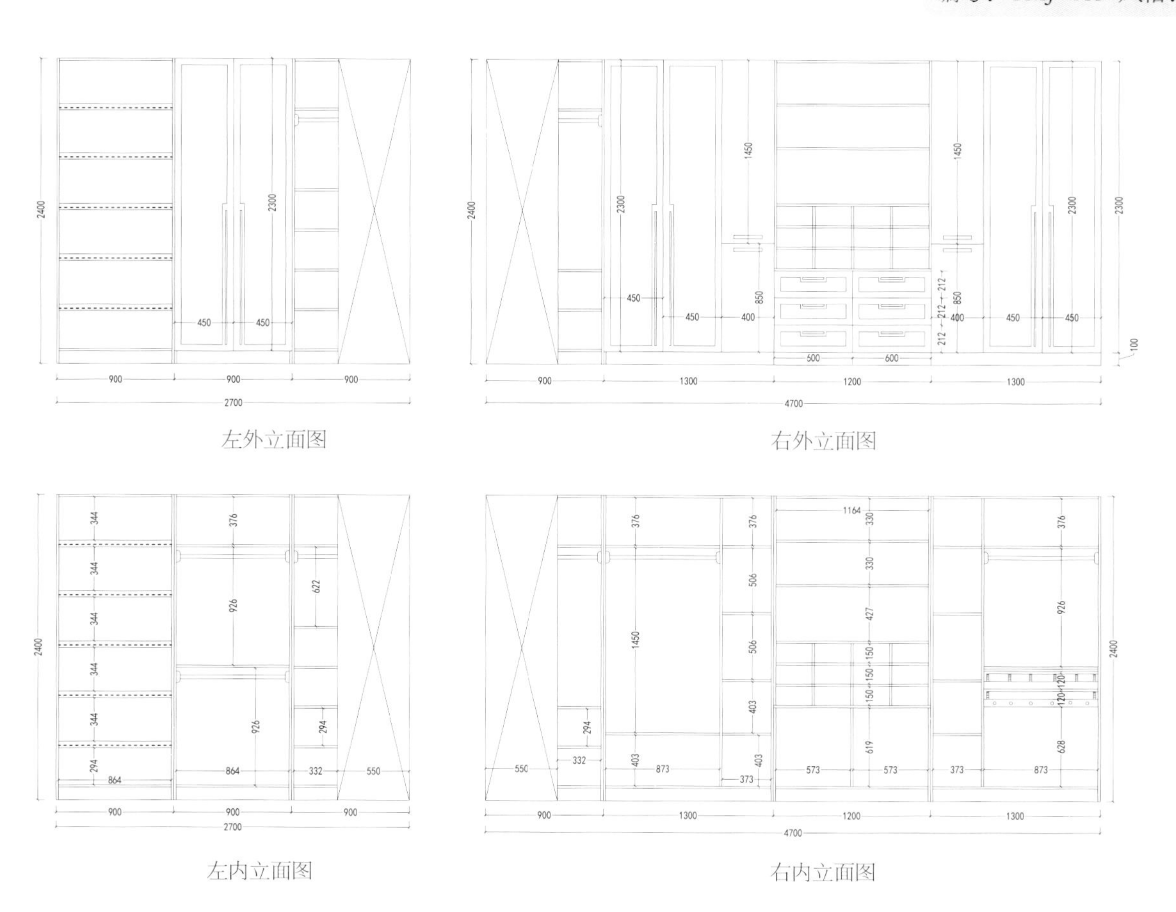

左外立面图　　右外立面图

左内立面图　　右内立面图

编号：YMJ-016 风格：轻奢

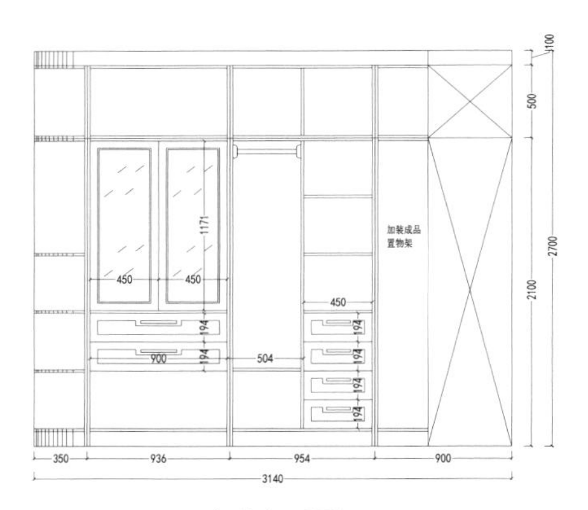

左外立面图

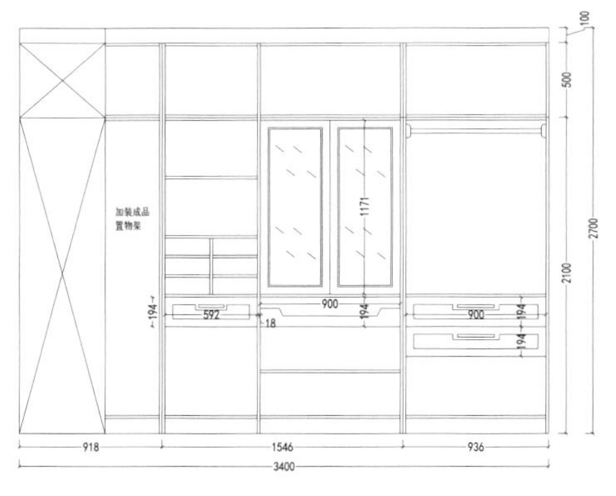

右外立面图

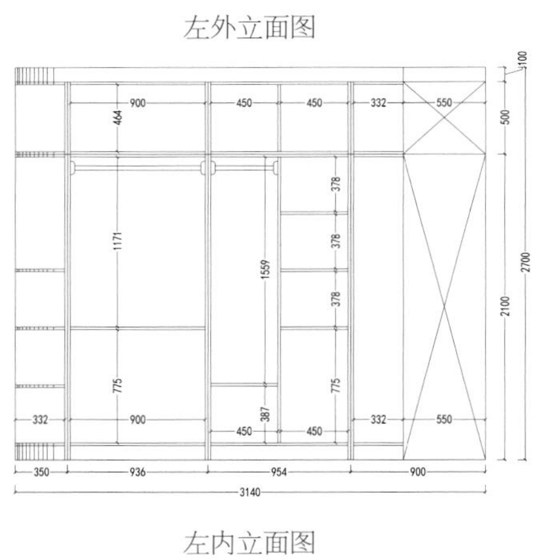

左内立面图

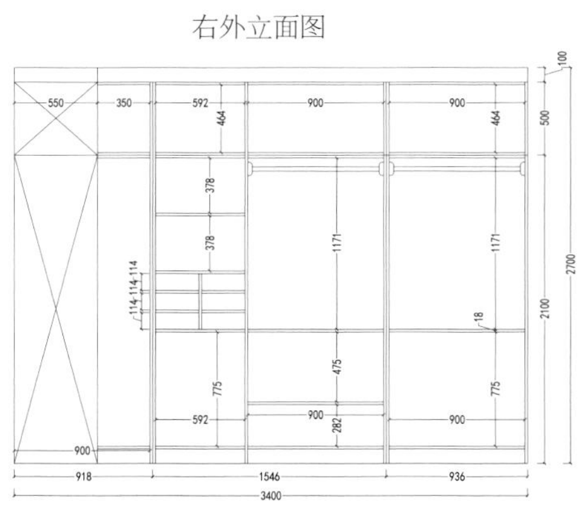

右内立面图

编号：YMJ-017 风格：轻奢

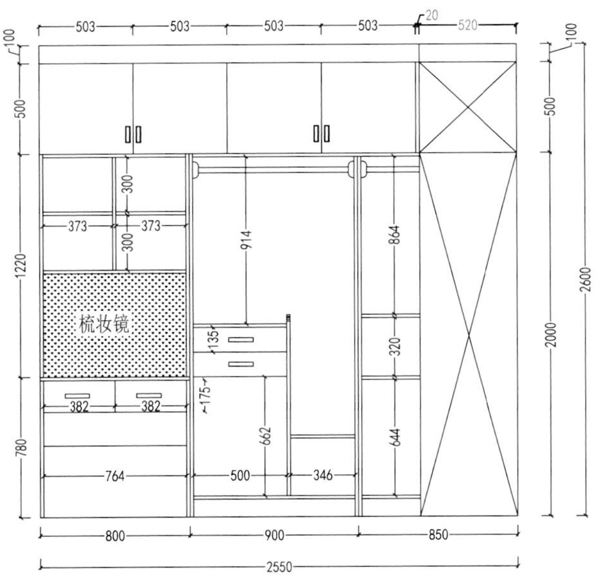

左外立面图

右外立面图

第七章 衣柜

卧室这样收纳，等于多了一个衣帽间

我们很难让你快速学会断离舍，懂得控制欲望，拥有适量物品，所以我们希望通过专业的设计为你规划合理的收纳位置，让家先变得整洁。

如果你是个收纳小白，就更要学会科学分类，满足家庭不同成员的收纳习惯。

你要选对衣柜！

普通的衣柜：仅仅满足存放衣服的功能，没有对衣物合理的分类，容易导致杂乱，找不到需要的物品。

生活方法衣柜：衣服方便拿取，美观而好用，多种收纳方式结合，各类衣物合理收纳其中。

编号：YG-001 风格：现代

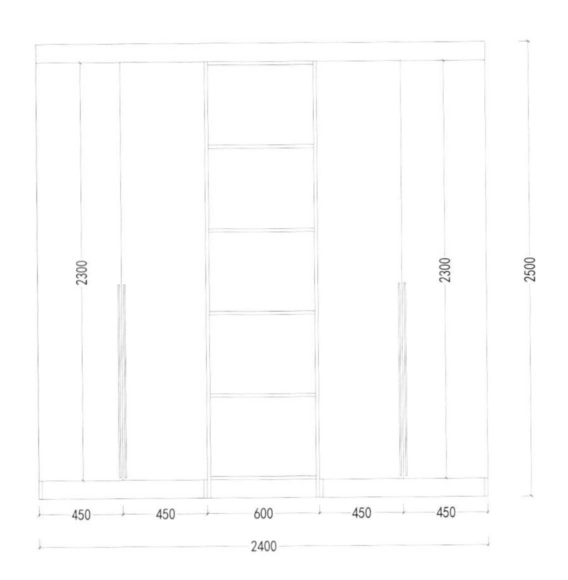

外立面图

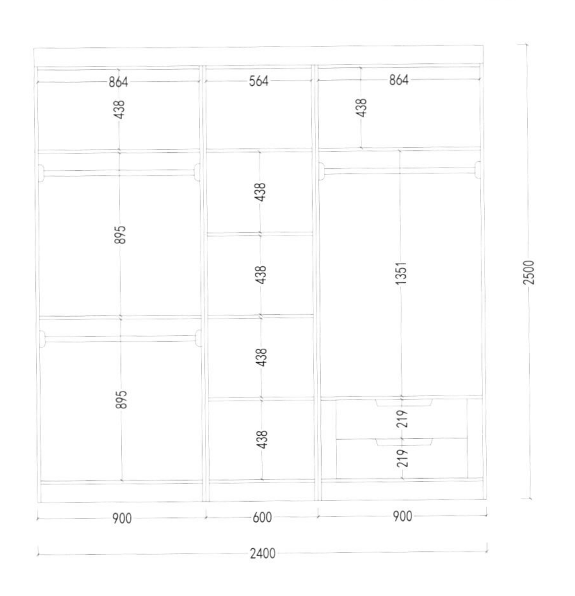

内立面图

编号：YG-002 风格：极简

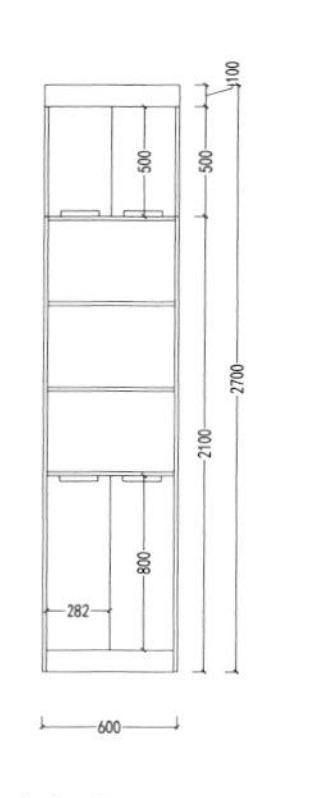

衣柜侧立面图

衣柜外立面图

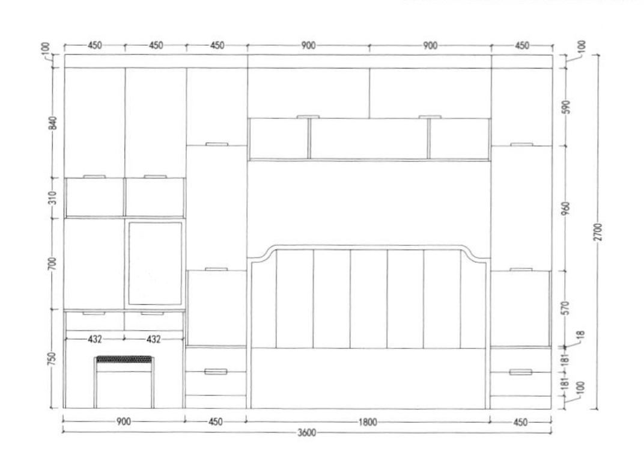

床头柜外立面图

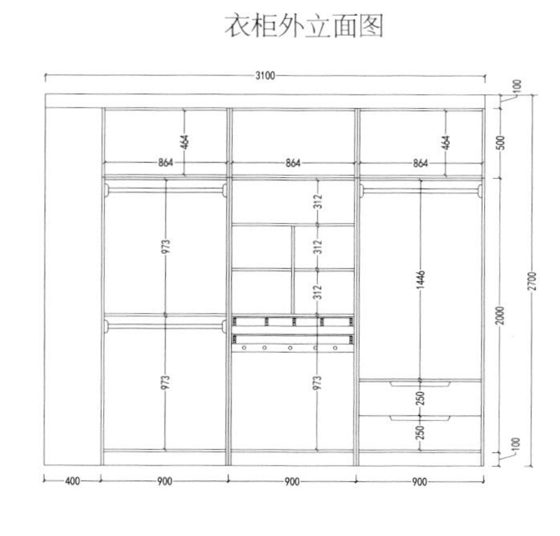

衣柜内立面图

床头柜内立面图

编号：YG-003 风格：极简

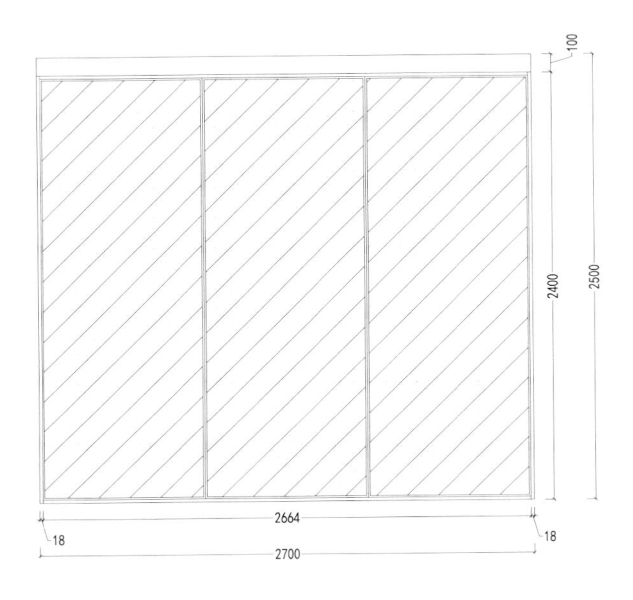

外立面图

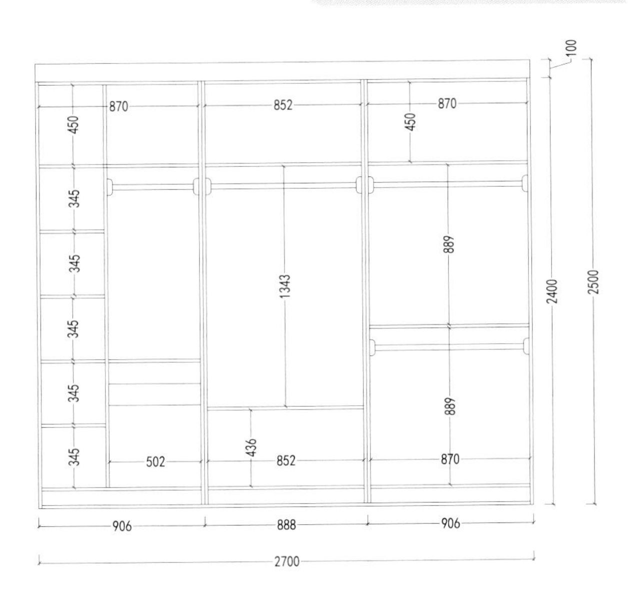

内立面图

编号：YG-004 风格：极简

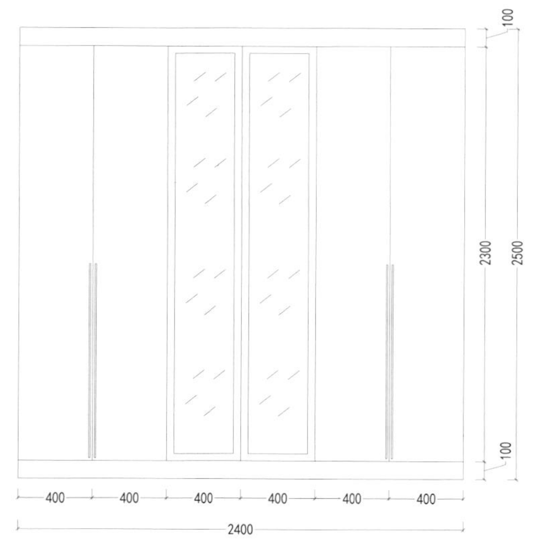

外立面图

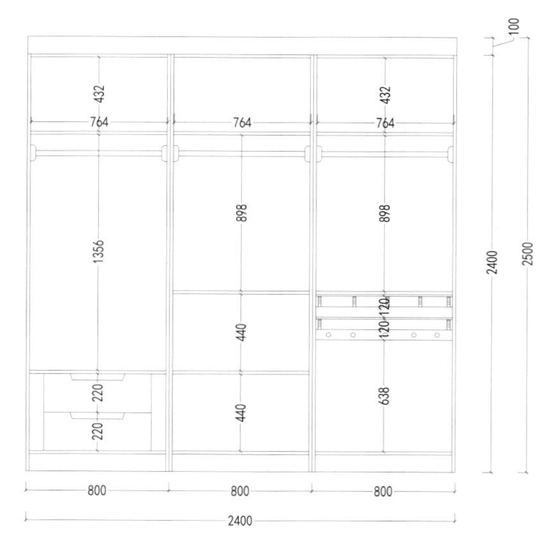

内立面图

编号：YG-005 风格：简欧

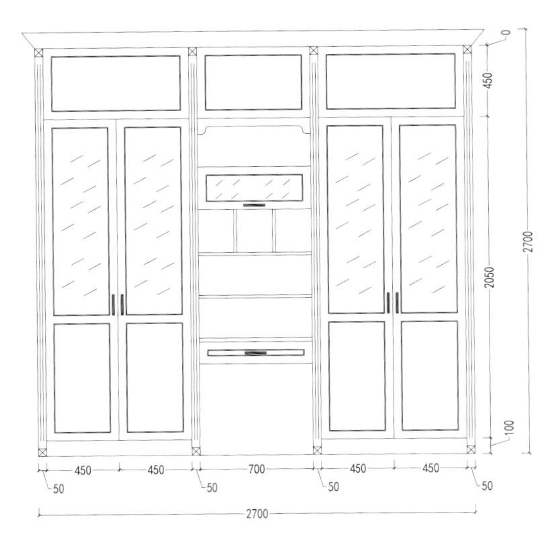

外立面图

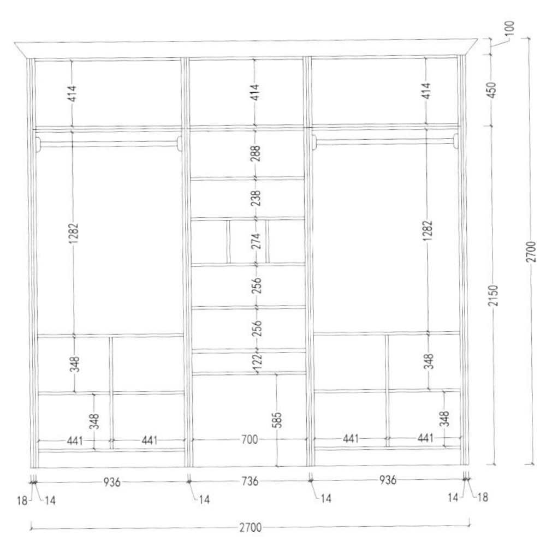

内立面图

编号：YG-006 风格：欧式

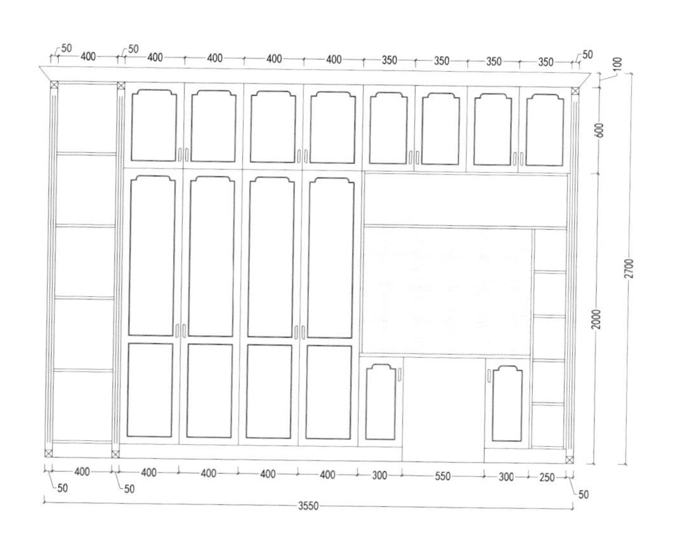

外立面图

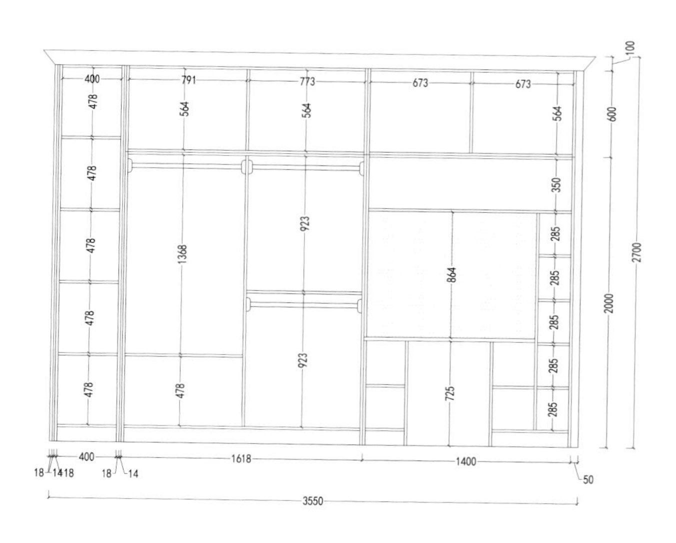

内立面图

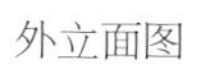

编号：YG-007 风格：北欧

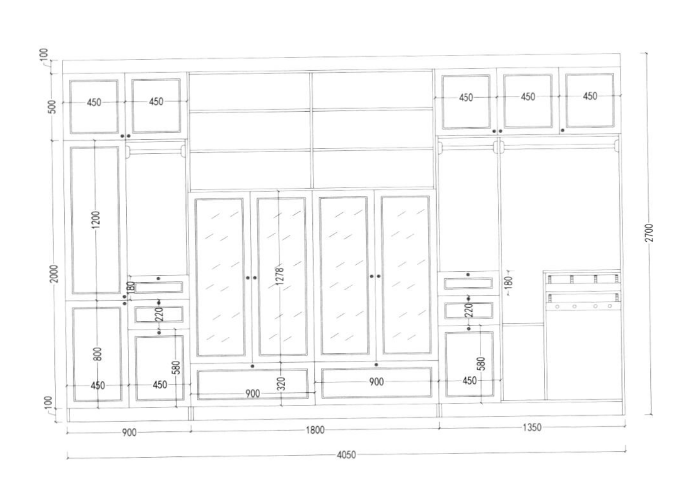

外立面图

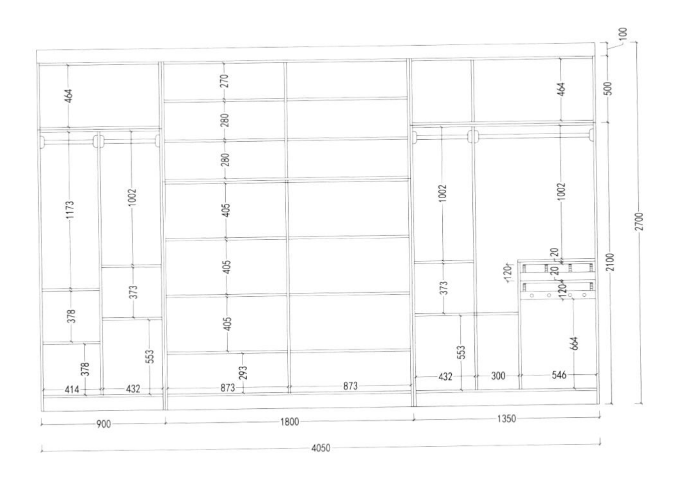

内立面图

编号：YG-008 风格：新中式

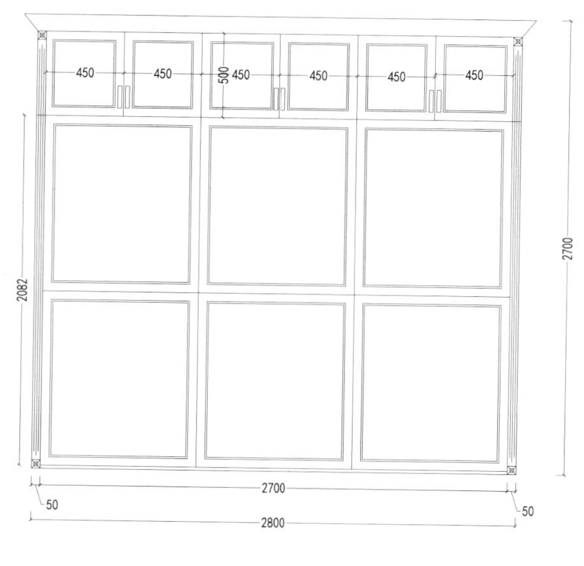

外立面图

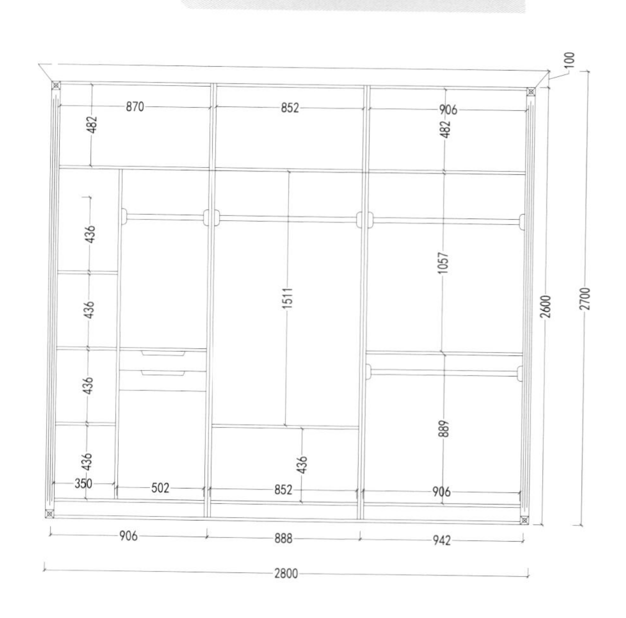

内立面图

编号：YG-009 风格：新中式

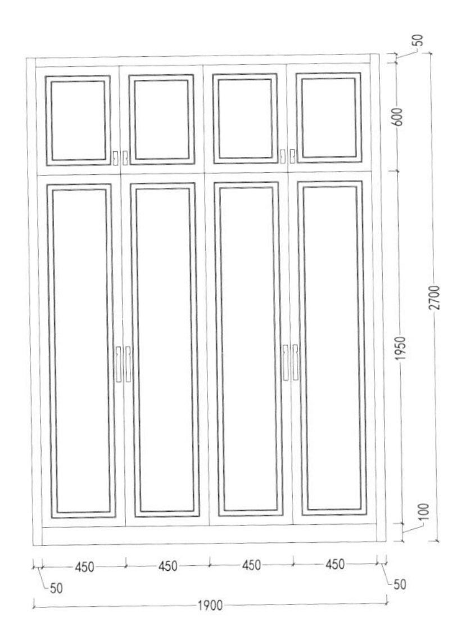

外立面图

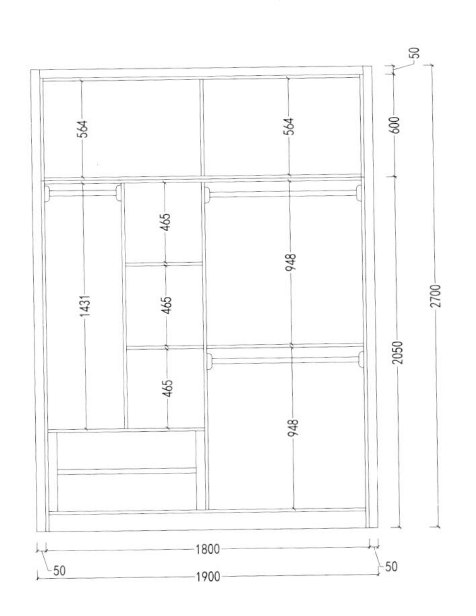

内立面图

编号：YG-010 风格：轻奢

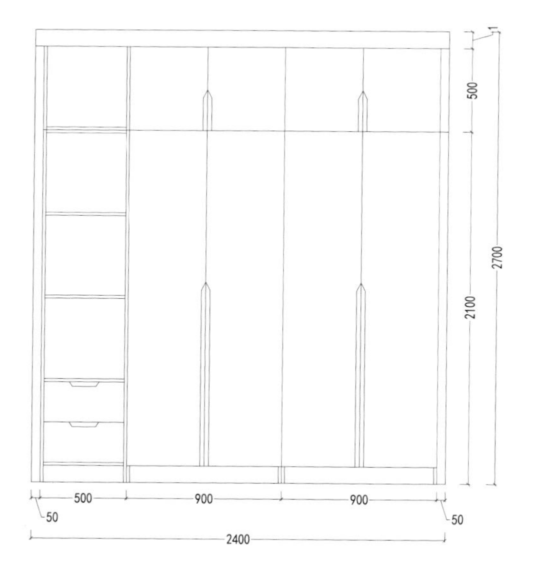

外立面图

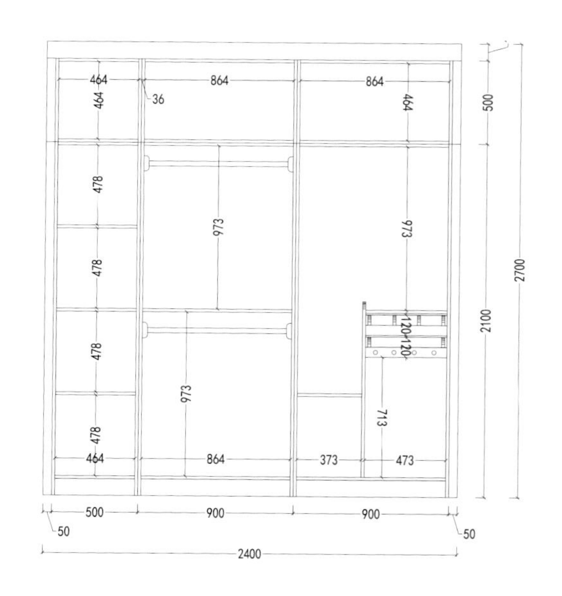

内立面图

编号：YG-011 风格：轻奢

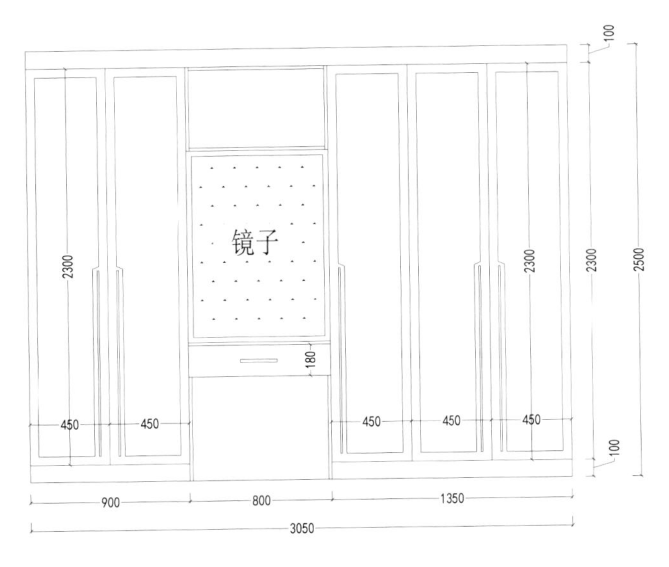

外立面图

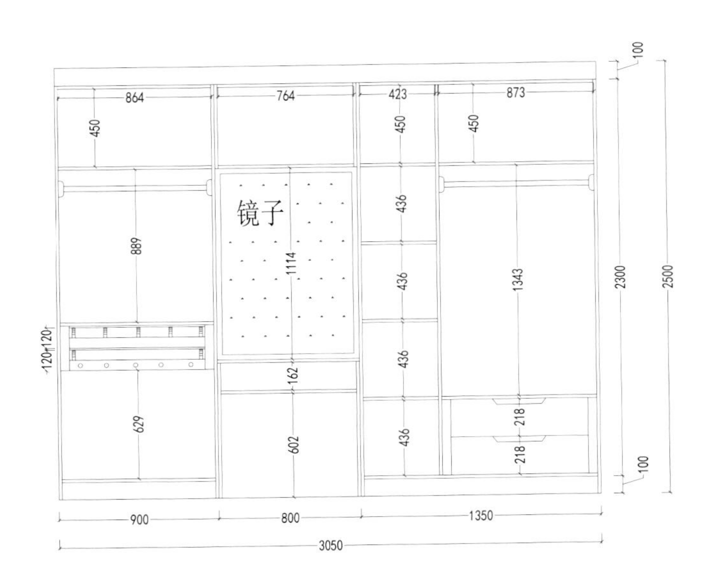

内立面图

第八章　阳台柜

阳台只用来晾衣服？是不是太浪费了？

阳台要如何定制？这里给你一些新鲜灵感！

阳台虽然不大，但是细心地改造，也有自己的用武之地。

无论作为休闲区、收纳区还是洗衣区，在设计师的精心设计之下，阳台都可以成为家里的一道风景线。

编号：YTG-001 风格：现代

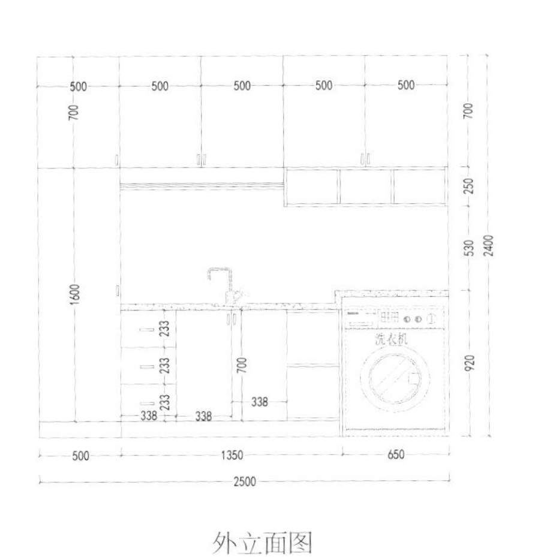

外立面图

内立面图

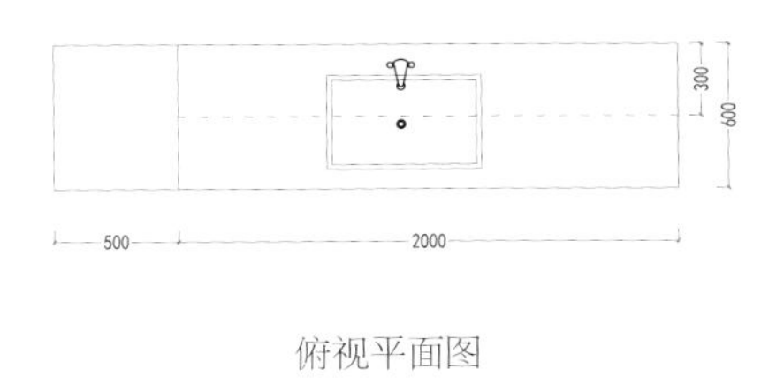

俯视平面图

编号：YTG-002 风格：现代

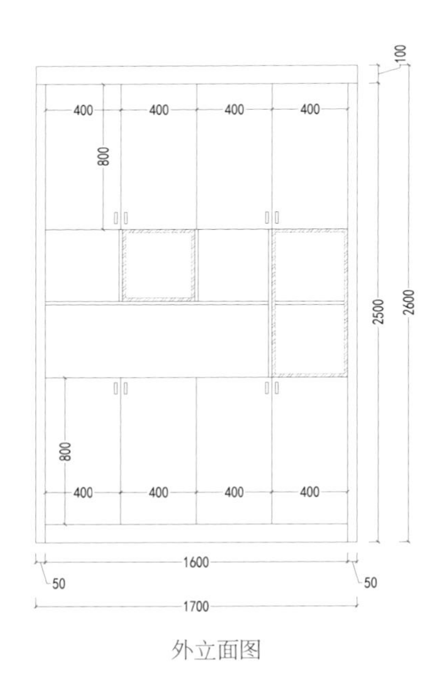

外立面图

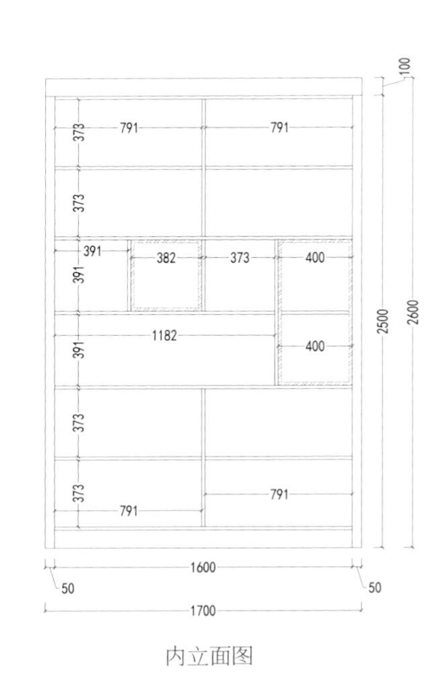

内立面图

编号：YTG-003 风格：现代

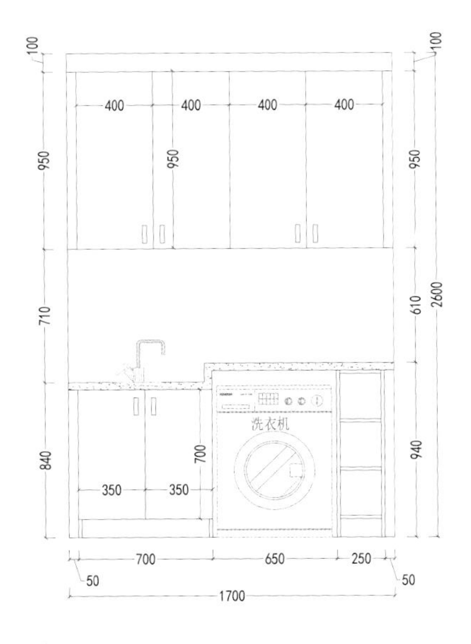

外立面图

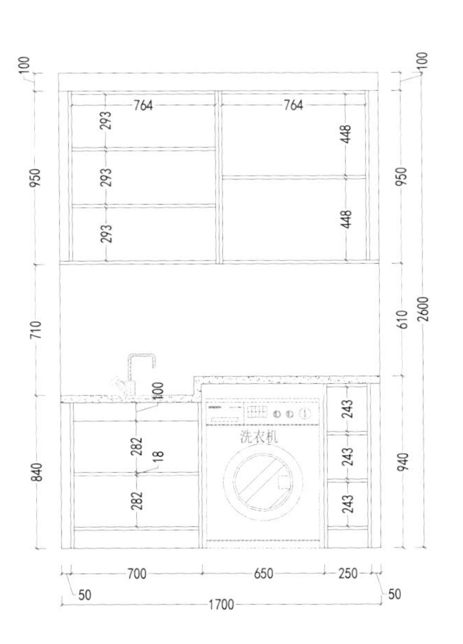

内立面图

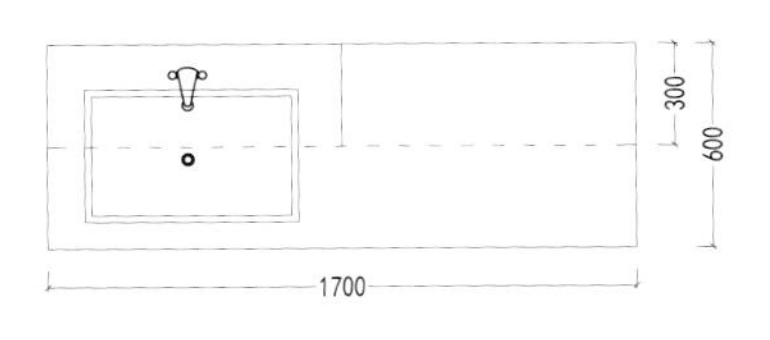

俯视平面图

编号：YTG-004 风格：现代

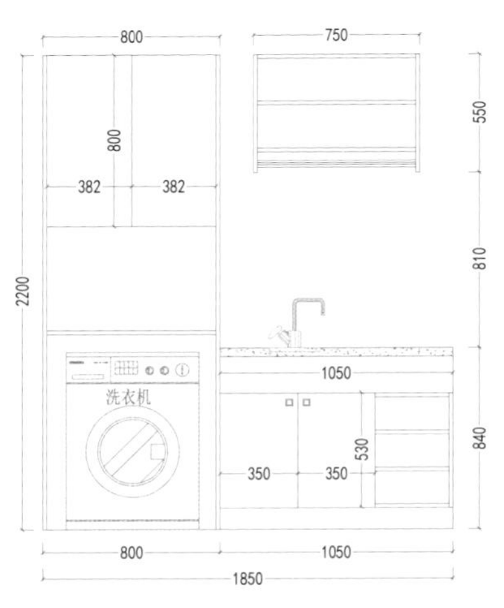

外立面图

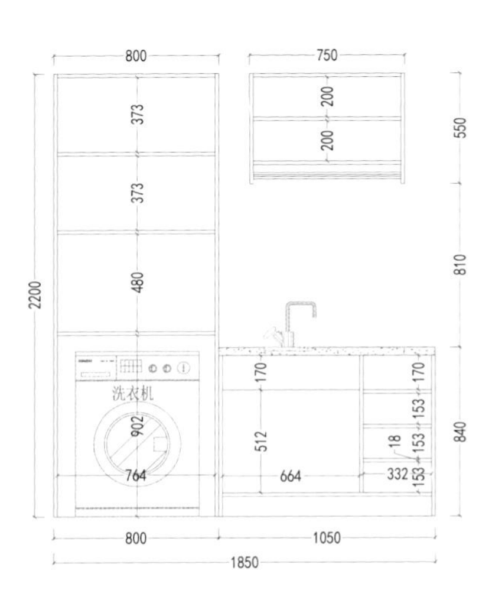

内立面图

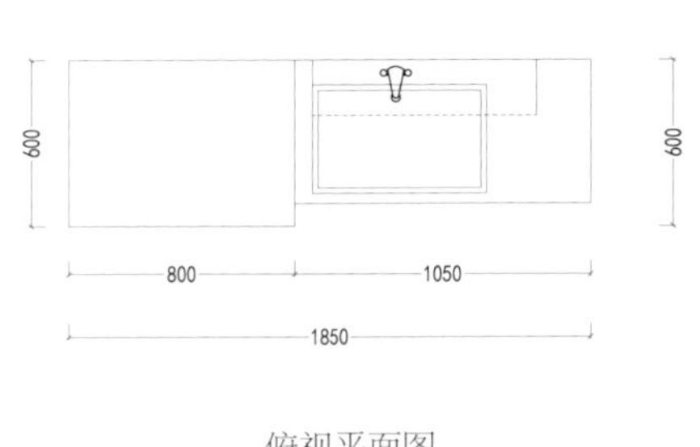

俯视平面图

编号：YTG-005 风格：简约

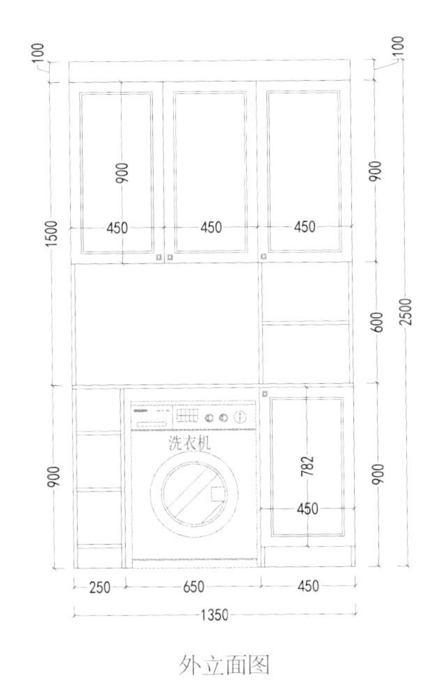

外立面图

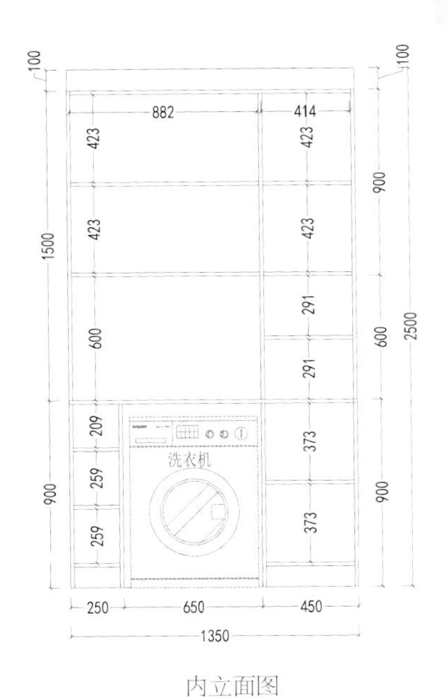

内立面图

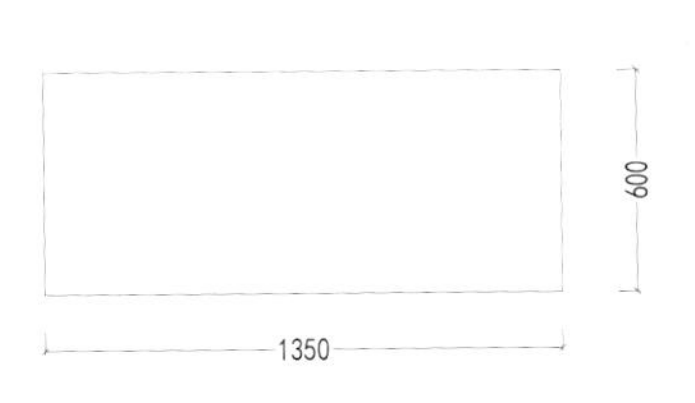

俯视平面图

编号：YTG-006 风格：简约

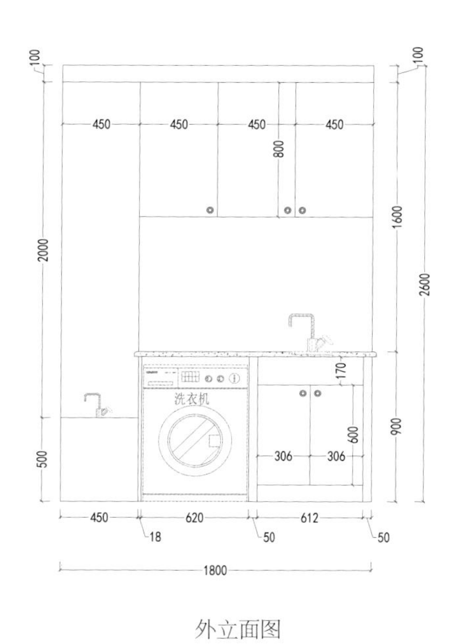

外立面图

内立面图

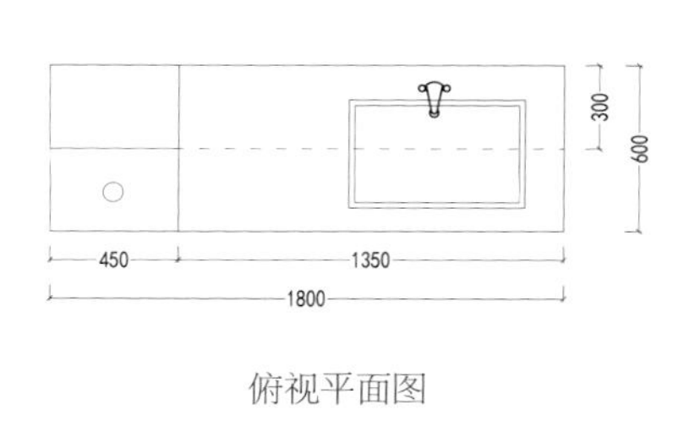

俯视平面图

编号：YTG-007 风格：简欧

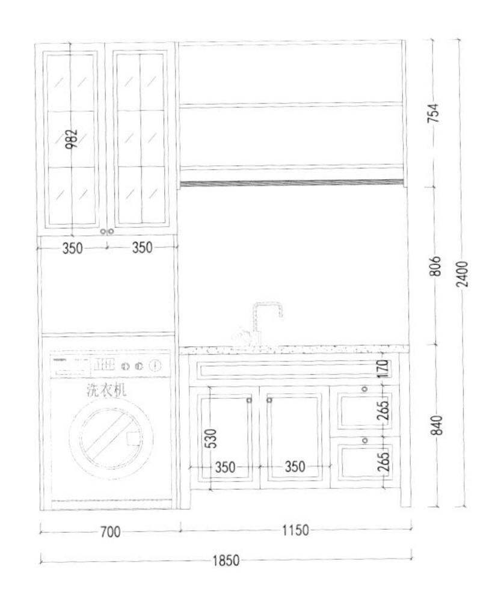

外立面图

内立面图

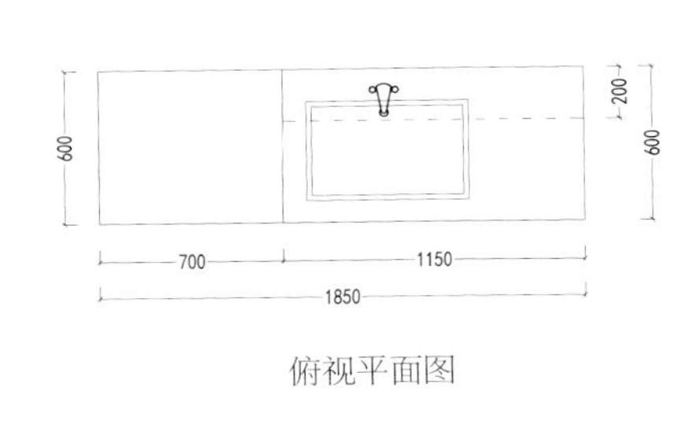

俯视平面图

编号：YTG-008 风格：简欧

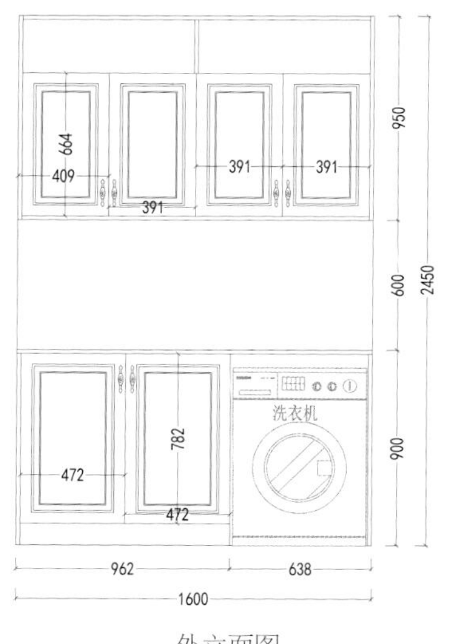

外立面图

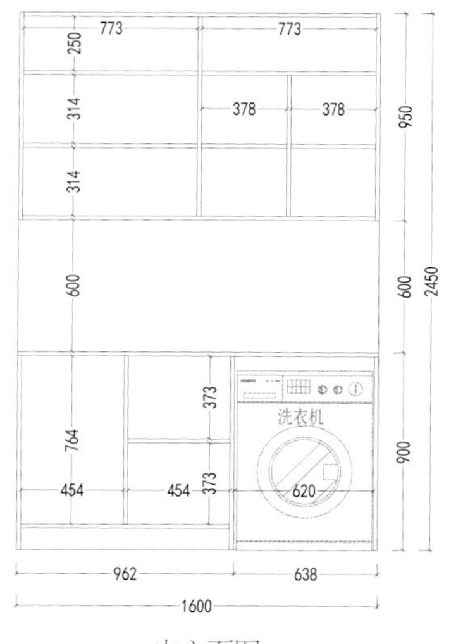

内立面图

编号：YTG-009 风格：简欧

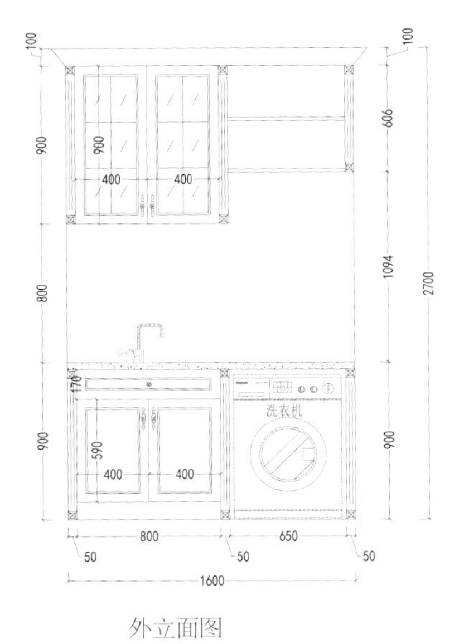

外立面图

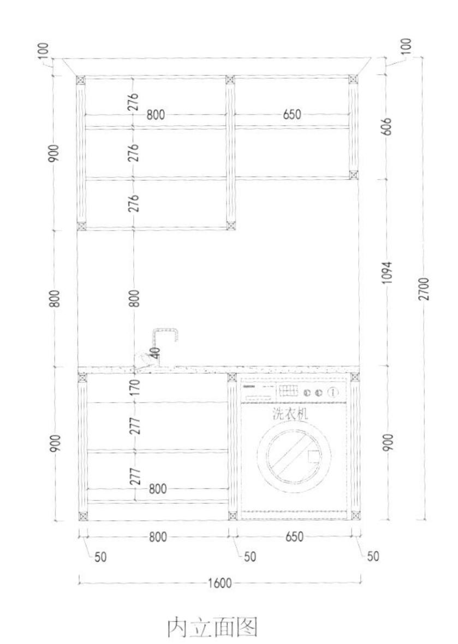

内立面图

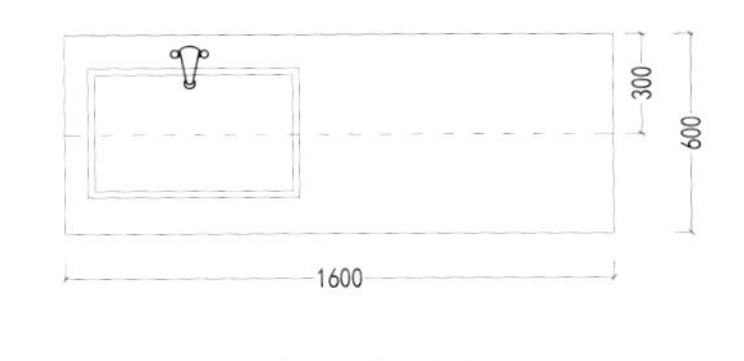

俯视平面图

编号：YTG-010 风格：简欧

外立面图

内立面图

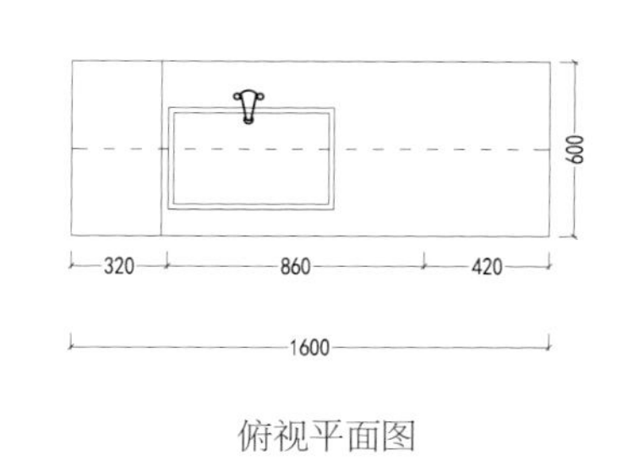

俯视平面图

编号：YTG-011 风格：简欧

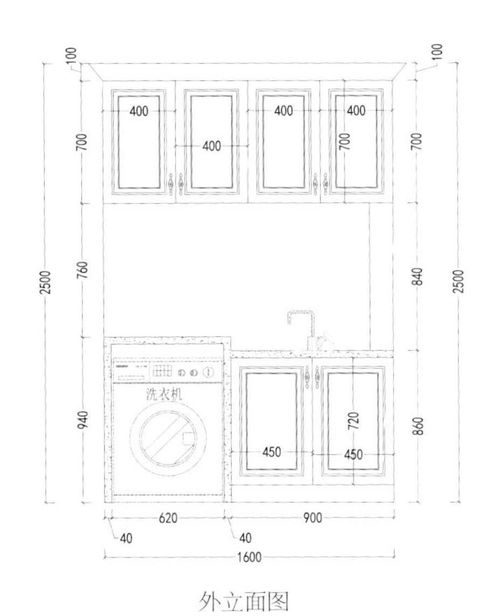

外立面图

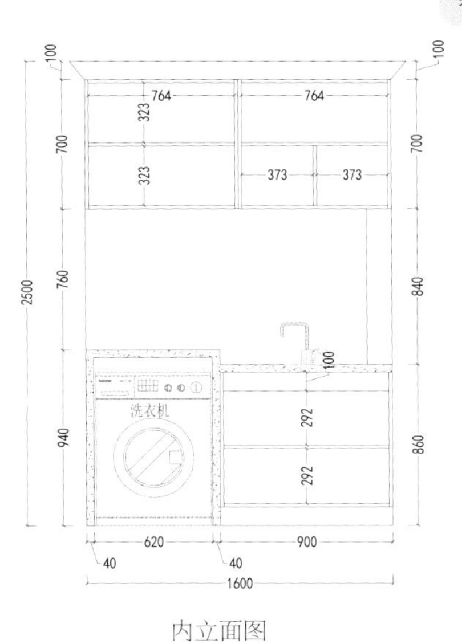

内立面图

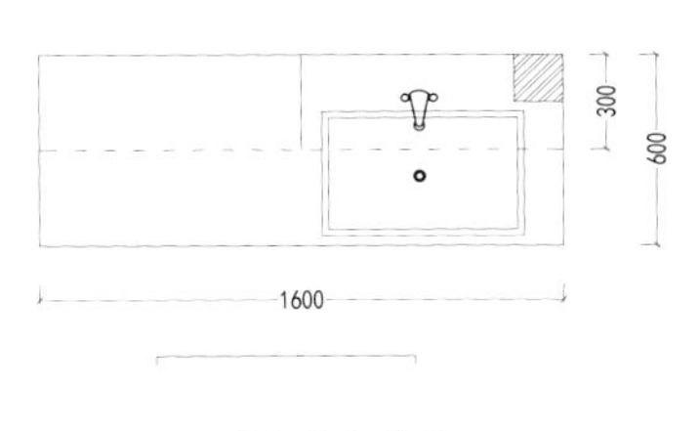

俯视平面图

编号：YTG-012 风格：欧式

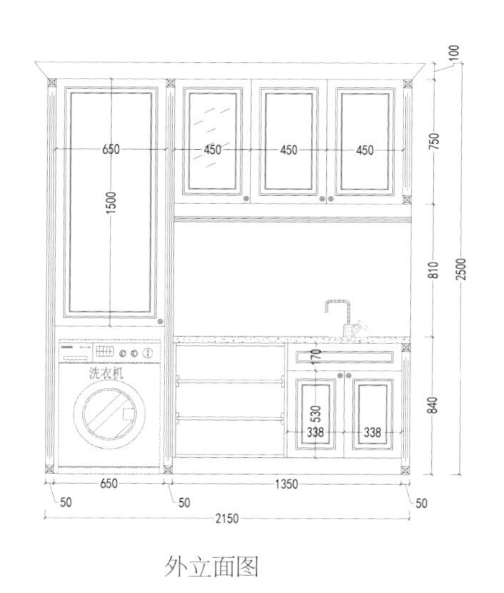

外立面图

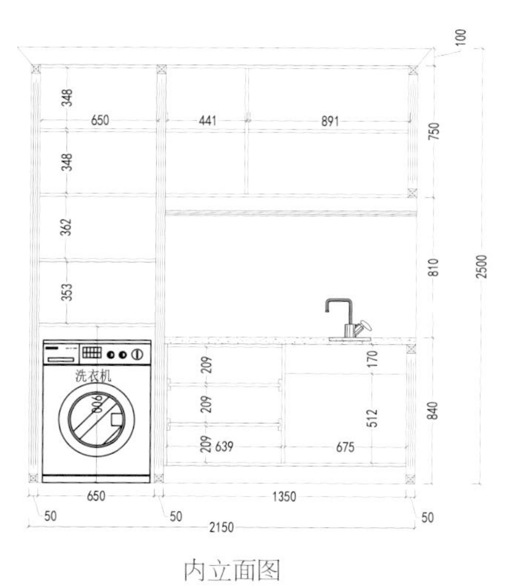

内立面图

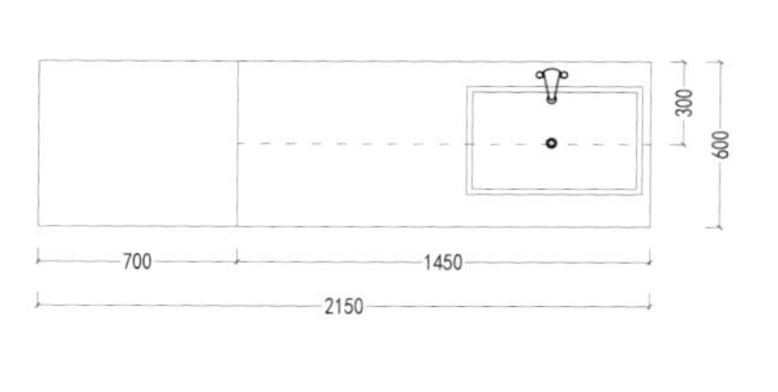

俯视平面图

外立面图

内立面图

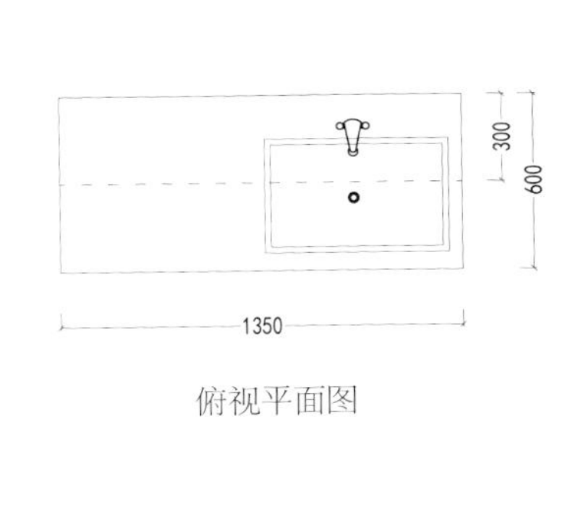

俯视平面图

编号：YTG-014 风格：新中式

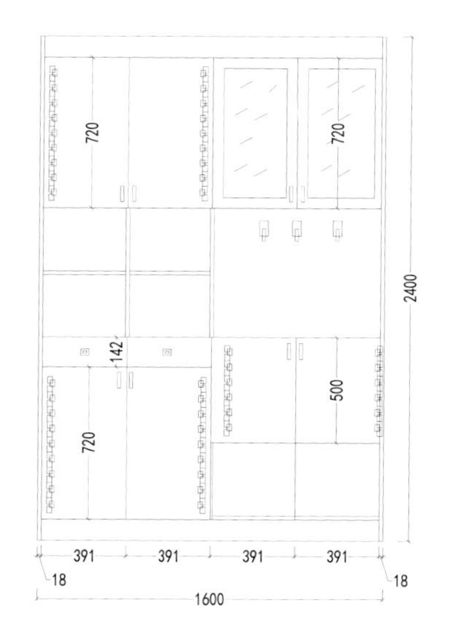

外立面图

内立面图

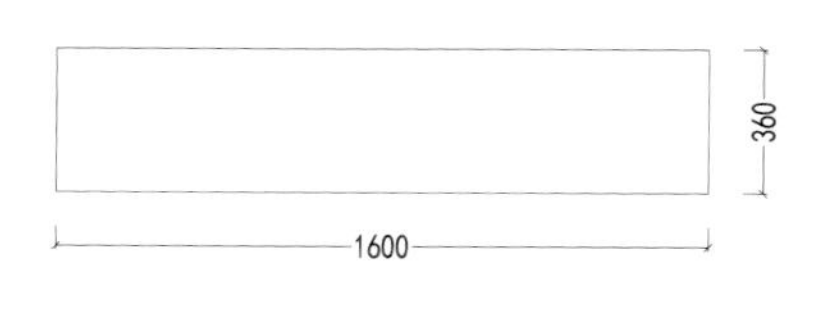

俯视平面图

编号：YTG-015 风格：轻奢

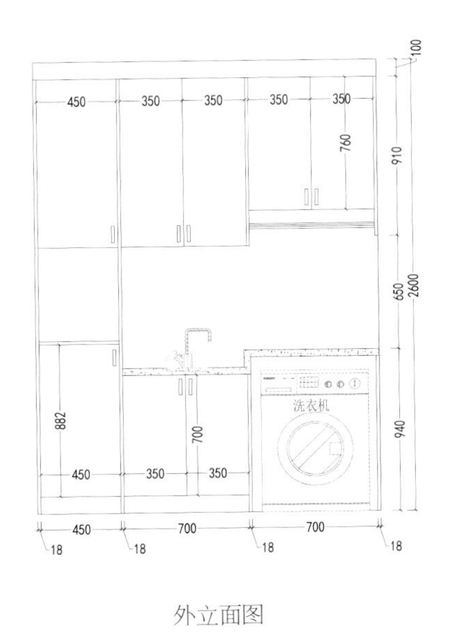

外立面图

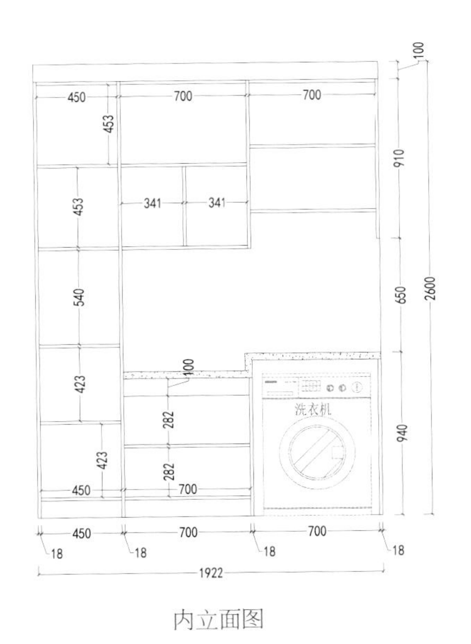

内立面图

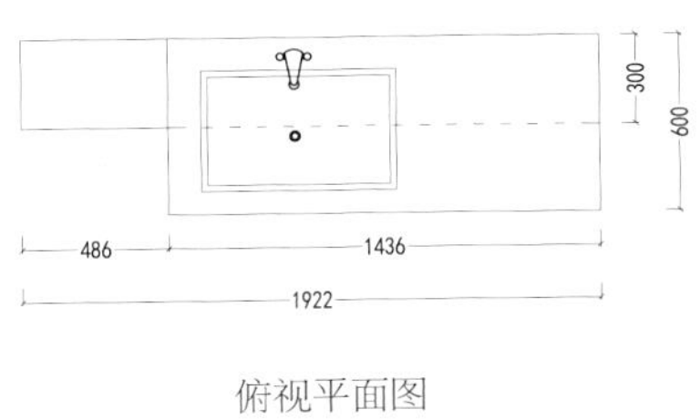

俯视平面图

内含全书柜体外立面图 / 内立面结构图 / 俯视平面图

加送1500张高清柜体效果图

下载方式 1

手机扫描网盘二维码下载

（已含提取码，扫描后无需再次输入）

下载方式 2

网址：https://pan.baidu.com/s/1XFOKk_tt_W39atpNETYFzA

提取码：cdsu